CALCUL DES ROUAGES

PAR

APPROXIMATION.

NOUVELLE MÉTHODE

PAR

ACHILLE BROCOT

HORLOGER.

PARIS

ACHILLE BROCOT, 6, RUE DU PARC-ROYAL

LONDRES

LEMAITRE ET BERGMANN, 65, CANNON STREET (WEST)

NEAR ST-PAUL'S CATHEDRAL

1862

CALCUL DES ROUAGES

PAR APPROXIMATION.

NOUVELLE MÉTHODE

Quand le rapport des vitesses entre deux axes est exprimé par des termes comportant chacun des facteurs peu élevés, les procédés pour calculer les nombres des dents des mobiles qui communiqueront ces vitesses ne présentent aucune difficulté; mais il arrive fréquemment que le rapport donné ne peut pas se traduire en nombres pratiques, et qu'il faut avoir recours à une approximation.

Le calcul doit être nécessairement un tâtonnement : en effet, de quoi s'agit-il quand un rapport donné ne peut être utilisé tel quel? soit $\frac{a}{b}$ ce rapport : il s'agit de trouver un autre rapport qui, en approchant autant que possible de $\frac{a}{b}$, soit composé, comme numérateur et dénominateur, de nombres convenablement décomposables.

Parmi les moyens connus pour résoudre une question de cette nature, le procédé le plus fréquemment employé est celui des fractions continues : on sait que leur propriété est de donner les nombres les plus réduits et les plus approchés. Mais, d'un côté, ce procédé n'est pas à la portée de la plupart des praticiens, et enfin les résultats trouvés directement par cette méthode sont si limités, qu'il faut le plus souvent les abandonner pour aller, à l'aventure, chercher d'autres nombres.

Avec la méthode que je propose, on trouve rapidement un grand nombre de résultats ; les opérations sont très-simples et à la portée de tous.

La base de cette méthode réside dans les modifications que subissent les fractions entre elles, ou les rapports entre eux, lorsqu'on les ajoute terme à terme.

On verra quelles sont les propriétés des rapports ainsi obtenus, et comment, à mesure que l'opération se poursuit, l'approximation se trouve en quelque sorte calculée d'elle-même, et enfin quelles sont les ressources que cette méthode fournit pour la recherche des nombres.

Pour satisfaire également ceux qui aiment les démonstrations rigoureuses et ceux qui n'ont pas le loisir de les suivre, j'ai divisé mon travail en trois parties :

Dans la première sont démontrées toutes les propositions sur lesquelles reposent les opérations ;

Dans la deuxième, j'indique, de la manière la plus pratique, toutes ces opérations, et je donne de nombreux exemples de leur application ;

Enfin la troisième contient une table méthodique des fractions ayant pour but de faciliter la recherche des nombres et d'éviter une partie des calculs.

PREMIÈRE PARTIE.

Propositions sur lesquelles reposent les opérations développées dans cette méthode.

PREMIÈRE PROPOSITION.

Si deux fractions $\frac{a}{b}$, $\frac{c}{d}$ *sont équivalentes, le produit* $a\,d$ *des termes extrêmes est égal au produit* $b\,c$ *des moyens.*

En effet, ces fractions, réduites au même dénominateur, deviennent $\frac{a\,d}{b\,d}$, $\frac{b\,c}{b\,d}$; comme elles sont équivalentes, et ont des dénominateurs identiques, les numérateurs doivent être égaux, en sorte que l'on a $a\,d = b\,c$.

SECONDE PROPOSITION.

Si une fraction $\frac{a}{b}$ *surpasse une autre fraction* $\frac{c}{d}$, *le produit* $a\,d$ *des extrêmes surpasse le produit* $b\,c$ *des moyens.*

En effet, ces fractions, réduites au même dénominateur, deviennent $\frac{a\,d}{b\,d}$, $\frac{b\,c}{b\,d}$: comme la première surpasse la seconde, et que les dénominateurs sont identiques, le numérateur de la première doit surpasser le numérateur de la seconde; donc $a\,d > b\,c$.

TROISIÈME PROPOSITION.

Si une fraction $\frac{a}{b}$ *surpasse une autre fraction* $\frac{c}{d}$ *de l'unité divisée par le produit des deux dénominateurs, ou de* $\frac{1}{b\,d}$, *le produit* $a\,d$ *des termes extrêmes surpasse d'une unité le produit* $b\,c$ *des moyens.*

En effet, l'excès de la première fraction sur la deuxième est :

$$\frac{ad}{bd} - \frac{bc}{bd}, \text{ ou } \frac{ad - bc}{bd}$$

donc $ad - bc = 1$.

QUATRIÈME PROPOSITION.

Si deux fractions $\frac{a}{b}$, $\frac{c}{d}$ sont équivalentes, en les ajoutant terme à terme, on forme une fraction $\frac{a+c}{b+d}$ équivalente à chacune d'elles.

La première proposition nous a appris que $bc = ad$.

Ajoutons ab aux deux membres de cette égalité, nous aurons

$$ab + bc = ab + ad \text{ ou } (a+c)\,b = (b+d)\,a.$$

Divisant les deux termes de cette égalité par $b\,(b+d)$, il vient enfin $\frac{a+c}{b+d} = \frac{a}{b}$.

Exemple numérique.

Soient les deux fractions $\frac{3}{6}$ et $\frac{7}{14}$, qui sont égales entre elles : en les ajoutant terme à terme, on aura $\frac{3+7}{6+14} = \frac{10}{20}$, fraction égale à chacune des précédentes.

CINQUIÈME PROPOSITION.

Si deux fractions $\frac{a}{b}$, $\frac{c}{d}$ sont inégales, en les ajoutant terme à terme on forme une nouvelle fraction $\frac{a+c}{b+d}$, dont la valeur est comprise entre les valeurs des deux premières.

Soit $\frac{a}{b} > \frac{c}{d}$. La deuxième proposition nous a appris que $bc < ad$.

Ajoutons ab aux deux membres de cette inégalité, il vient

$$ab + bc < ab + ad \text{ ou } (a+c)\,b < (b+d)\,a.$$

Divisons les deux membres de cette inégalité par $b\,(b+d)$, il vient

$$\frac{a+c}{b+d} < \frac{a}{b}.$$

D'un autre côté, ajoutons cd aux deux membres de l'inégalité $ad > bc$, nous aurons $ad + cd > bc + cd$ ou $(a+c)d > (b+d)c$; et, en divisant les deux termes de cette inégalité par $d\ (b+d)$ on a $\frac{a+c}{b+d} > \frac{c}{d}$.

Exemple numérique.

Soient $\frac{2}{3}$ et $\frac{3}{4}$, les deux fractions inégales; la fraction $\frac{2+3}{3+4}$ ou $\frac{5}{7}$ aura sa valeur comprise entre les deux premières.

La réduction au même dénominateur donnerait, pour ces trois fractions :

$$\frac{2}{3} = \frac{56}{84}, \quad \frac{3}{4} = \frac{63}{84}, \quad \frac{5}{7} = \frac{60}{84}.$$

Évidemment $\frac{60}{84}$ est intermédiaire à $\frac{56}{84}$ et à $\frac{63}{84}$.

SIXIÈME PROPOSITION.

Si deux fractions $\frac{a}{b}$, $\frac{c}{d}$ diffèrent de l'unité divisée par le produit de leurs dénominateurs, toute fraction comprise entre elles a des termes plus grands que l'une ou l'autre des proposées.

Soit $\frac{a}{b}$ la plus grande des proposées, et $\frac{m}{n}$ une fraction quelconque intermédiaire, on a la double inégalité $\frac{a}{b} > \frac{m}{n} > \frac{c}{d}$.

La différence entre les fractions extrêmes étant plus grande que la différence entre les deux premières, on a $\frac{1}{bd} > \frac{an - bm}{bn}$, d'où l'on tire, d'après la deuxième proposition, $bn > bd\ (an - bm)$, et, en divisant par b, on a $n > d\ (an - bm)$; mais $\frac{a}{b}$ étant plus grand que $\frac{m}{n}$, il résulte de la même proposition que an surpasse bm. Or, comme ces deux nombres sont entiers, leur différence est au moins 1: donc $an - bm$ étant au moins égal à 1, on a $n > d$.

D'un autre côté, $\frac{m}{n}$ étant plus grand que $\frac{c}{d}$, on a $md > cn$. Or, si d est plus petit que n, cette inégalité exige que m soit plus grand que c. Ainsi la fraction intermédiaire $\frac{m}{n}$ a des termes plus grands que ceux de $\frac{c}{d}$.

En second lieu, la différence entre les fractions extrêmes $\frac{a}{b}$, $\frac{c}{d}$ étant plus grande que la différence entre les deux dernières, $\frac{m}{n}$, $\frac{c}{d}$, on a

$$\frac{1}{bd} > \frac{md - nc}{nd},$$

d'où l'on tire, d'après la deuxième proposition, $n\,d > b\,d\,(m\,d - n\,c)$, ou, en divisant les deux membres par d, on a

$$n > b\,(md - nc);$$

Mais $\frac{m}{n}$ étant plus grand que $\frac{c}{d}$, il résulte, de la même proposition, que md surpasse nc; et, comme ces deux nombres sont entiers, la différence $md - nc$ est au moins égale à 1; donc n est plus grand que b.

D'un autre côté, md étant plus grand que nc, et n plus grand que b, c'est-à-dire au moins égal à $b + 1$, on a $md > c\,(b + 1)$, ou $md > bc + c$, et, à plus forte raison, $md > bc + 1$; car c vaut au moins 1; mais $ad - bc$ étant égal à 1, $bc + 1$ est égal à ad; donc $md > ad$; donc, enfin, $m > a$.

Ainsi la fraction intermédiaire $\frac{m}{n}$ a des termes plus grands que ceux de $\frac{a}{b}$.

SEPTIÈME PROPOSITION.

Si deux fractions $\frac{a}{b}$, $\frac{c}{d}$ diffèrent entre elles de l'unité divisée par le produit de leurs dénominateurs, la fraction $\frac{a+c}{b+d}$ formée en les ajoutant terme à terme diffère aussi de l'une quelconque des proposées de l'unité divisée par le produit des deux dénominateurs.

La différence entre $\frac{a}{b}$ et $\frac{a+c}{b+d}$ est $\frac{a\,(b+d)}{b\,(b+d)} - \frac{b\,(a+c)}{b\,(b+d)}$;

Ou $$\frac{a\,(b+d) - b\,(a+c)}{b\,(b+d)} = \frac{ab + ad - ab - bc}{b\,(b+d)} = \frac{ad - bc}{b\,(b+d)},$$

qui devient enfin $\frac{1}{b\,(b+d)}$, puisque $ad - bc$ est égal à 1 d'après la troisième proposition.

On démontrerait de même que la différence entre $\frac{a+c}{b+d}$ et $\frac{c}{d}$ est égale à $\frac{1}{d\,(b+d)}$.

HUITIÈME PROPOSITION.

La fraction $\frac{a+c}{b+d}$, formée en ajoutant, terme à terme, deux fractions inégales

$\frac{a}{b}$, $\frac{c}{d}$, *qui diffèrent de l'unité divisée par le produit de leurs dénominateurs, est la plus simple des fractions comprises entre les proposées.*

D'après la sixième proposition, toute fraction comprise entre les fractions $\frac{a}{b}$, $\frac{a+c}{b+d}$, qui diffèrent de l'unité divisée par le produit des dénominateurs, est moins simple que ces deux fractions; de même toute fraction comprise entre $\frac{a+c}{b+d}$ et $\frac{c}{d}$ est moins simple que ces deux fractions; donc toute fraction comprise entre $\frac{a}{b}$ et $\frac{c}{d}$ est moins simple que $\frac{a+c}{b+d}$.

Il résulte, des propositions précédentes, que, si l'on prend pour $\frac{a}{b}$ et $\frac{c}{d}$ les fractions $\frac{0}{1}$ et $\frac{1}{1}$ dont la différence est $\frac{1}{1 \times 1}$, on aura, en les ajoutant terme à terme, $\frac{0+1}{1+1} = \frac{1}{2}$, la plus simple fraction intermédiaire entre les données; cette nouvelle fraction, comparée aux deux premières, aura pour différence $\frac{1}{2 \times 1}$ et $\frac{1}{1 \times 2}$; et, si l'on additionne terme à terme $\frac{1}{2}$ et $\frac{1}{1}$ ou encore $\frac{1}{2}$ et $\frac{0}{1}$, on aura deux nouvelles fractions $\frac{2}{3}$ et $\frac{1}{3}$, dont les différences, avec les fractions qui les ont formées, seront toujours l'unité divisée par le produit des deux dénominateurs.

En continuant ainsi, on pourra former une table méthodique de fractions dont les différences successives seront l'unité divisée par le produit des dénominateurs; et enfin on pourra, avec cette table, trouver des rapports approximatifs applicables aux rouages.

Convaincu de son utilité, j'ai construit, avec tout le soin possible, une table de toutes les fractions dont le dénominateur n'excède pas 100. Toutes ces fractions sont rangées par ordre de grandeur, et leur traduction en fractions décimales permet de voir immédiatement quelles sont les fractions ordinaires dont la valeur se rapproche le plus de la valeur de celle qui exprime le rapport des vitesses.

NEUVIÈME PROPOSITION.

Si un rapport est donné et si deux fractions le représentent approximativement : enfin si les erreurs (différences entre l'approximation et la valeur exacte) sont de signes contraires, connaissant la valeur de ces erreurs, on pourra reproduire le rapport donné, en multipliant les deux termes de chacune des fractions par le produit de l'erreur et du dénominateur de l'autre fraction, et en additionnant ensuite les résultats terme à terme.

Soient les deux fractions $\frac{a}{b}$ et $\frac{c}{d}$ représentant approximativement le rapport p, la première avec une erreur de $+ n$ et la seconde avec une erreur de $- m$, on reproduira le rapport p par la formule suivante :

$$\frac{a\,d\,m + c\,b\,n}{b\,d\,m + d\,b\,n} = p.$$

En effet, réduisant les fractions $\frac{a}{b}$ et $\frac{c}{d}$ au même dénominateur, on a $\frac{a\,d}{b\,d}$ et $\frac{c\,b}{b\,d}$.

On a aussi $\frac{a\,d}{b\,d} - n = \frac{c\,b}{b\,d} + m = p.$

Les opérations effectuées donnent :

$$\frac{a\,d - b\,d\,n}{b\,d} = \frac{c\,b + b\,d\,m}{b\,d} = p.$$

Si l'on multiplie les deux termes de la première fraction par m, et les deux termes de la seconde par n, l'égalité n'en subsistera pas moins et l'on aura :

$$\frac{a\,d\,m - b\,d\,n\,m}{b\,d\,m} = \frac{c\,b\,n + b\,d\,m\,n}{b\,d\,n} = p,$$

Additionnant enfin, terme à terme, les deux premières fractions, on aura pour résultat définitif,

$$\frac{a\,d\,m - b\,d\,m\,n + c\,b\,n + b\,d\,m\,n}{b\,d\,m + b\,d\,n} = \frac{a\,d\,m + c\,b\,n}{b\,d\,m + b\,d\,n} = p.$$

1er *corollaire.* — Si les deux fractions qui représentent approximativement le rapport donné ont le même dénominateur, il suffira de multiplier les deux termes de chacune d'elles par l'erreur de l'autre et enfin d'additionner terme à terme ces résultats pour obtenir le rapport proposé;

car, si $b = d$, le rapport p prend la forme $\frac{a\,d\,m + c\,d\,n}{b\,d\,m + b\,d\,n}$, ou, divisant les deux termes par d, $\frac{a\,m + c\,n}{b\,m + b\,n}$.

2e *corollaire.* — Si enfin les dénominateurs étant les mêmes, les erreurs sont dans des proportions telles que l'une soit 2, 3, 4, 5, etc. fois plus grande que l'autre, il suffira d'ajouter aux deux termes de la première 2, 3, 4, 5, etc. fois les deux termes de la seconde, c'est-à-dire de combiner, terme à terme, les rapports approchés dans le sens inverse de leur erreur respective.

Car, soit $m = kn$, alors p prend la forme $\frac{adkn + cbn}{bdkn + bdn}$ et, en divisant les deux termes par n, on a $\frac{adk + cb}{bdk + bd}$.

DIXIÈME PROPOSITION.

Un rapport $\frac{a}{b}$ est approximativement représenté par deux autres rapports. Le rapport obtenu, en ajoutant terme à terme, ces deux rapports, différera de $\frac{a}{b}$ d'une quantité représentée par une fraction ayant pour dénominateur la somme des dénominateurs des deux fractions représentant les erreurs, et ayant pour numérateur un nombre égal à la différence des numérateurs de ces mêmes fractions, si les erreurs sont de signes contraires, ou égal à leur somme si ces erreurs sont du même signe.

Pour le démontrer, prenons le rapport $\frac{a}{b}$ dont la valeur est approximativement représentée par les rapports $\frac{c}{d}$ et $\frac{e}{f}$, et faisons $\frac{c}{d} > \frac{a}{b} > \frac{e}{f}$.

On a $\frac{c}{d} - \frac{a}{b} = \frac{cb - ad}{db}$ différence affectée du signe + relativement au rapport donné.

On a aussi $\frac{a}{b} - \frac{e}{f} = \frac{af - eb}{bf}$ différence affectée du signe — relativement au rapport donné.

Nous disons que la différence entre $\frac{c+e}{d+f}$ et $\frac{a}{b}$ est égale à $\frac{(cb - ad) - (af - eb)}{db + bf}$ $= \frac{cb - ad - af + eb}{db + bf}$.

On arrive nécessairement à ce résultat en réduisant ces deux fractions au même dénominateur et en effectuant les calculs.

Opérons actuellement sur le rapport $\frac{e}{f}$ et établissons la différence entre $\frac{c}{d}$ et $\frac{e}{f}$ et entre $\frac{a}{b}$ et $\frac{e}{f}$.

On a $\frac{c}{d} - \frac{e}{f} = \frac{cf - ed}{df}$ différence affectée du signe + relativement au rapport donné.

On a aussi $\frac{a}{b} - \frac{e}{f} = \frac{af - eb}{bf.}$ différence affectée du signe + relativement au rapport donné.

Nous disons que la différence entre $\frac{c+a}{d+b}$ et $\frac{e}{f}$ est égale à $\frac{(cf-ed)+(af-eb)}{df+bf.}$ $= \frac{cf - ed + af - eb}{df + bf.}$.

On arrivera également à ce résultat en faisant la réduction au même dénominateur, et en effectuant les calculs.

Un exemple numérique fera saisir l'importance de cette dernière proposition.

Soit $\frac{23}{17}$ un rapport dont on veut avoir toutes les expressions approchées en termes plus petits.

Voici comment j'opère :

Ce rapport est compris entre $\frac{1}{1}$ et $\frac{2}{1}$.

Le premier diffère du rapport donné de $-\frac{6}{17}$;

Le second « « « de $+\frac{11}{17}$.

Je mets en regard de chacun des rapports 1 : 1 et 2 : 1, l'erreur que chacun d'eux comporte, et, pour la facilité d'examen, je construis le tableau suivant :

Rapports.	Erreurs.
1 : 1	— 6/17
.....	....
.....	....
.....	....
2 : 1	+ 11/17

J'ajoute terme à terme les rapports $\frac{1}{1}$ et $\frac{2}{1}$ et j'obtiens un nouveau rapport $\left(\frac{1+2}{1+1}\right) = \frac{3}{2}$ que j'introduis dans le tableau précédent, et qui, d'après la dernière proposition, donnera pour erreur nouvelle : $+\left(\frac{11-6}{17+17}\right) = \frac{5}{17 \times 2}$.

Le tableau devient donc :

Rapports.	Erreurs.
1 : 1	— 6/17
.....	....
.....	....
3 : 2	+ 5/17 × 2
2 : 1	+ 11/17

En ajoutant de même, terme, à terme, $\frac{1}{1}$ et $\frac{3}{2}$, on aura un nouveau rapport $\frac{4}{3}$ qui différera du rapport donné de : $-\left(\frac{6-5}{17+(17\times 2)}\right)=-\left(\frac{1}{17\times 3}\right)$.

On remarquera que le dénominateur de la fraction qui représente l'erreur est précisément le dénominateur du rapport donné, multiplié par le dénominateur du nouveau rapport, de sorte qu'on peut se dispenser de le calculer.

Établissant le tableau tel qu'il résulte de l'opération ci-dessus, on a :

Rapports.	Erreurs.
1 : 1	— 6/17 × 1
4 : 3	— 1/17 × 3
.....	....
3 : 2	+ 5/17 × 2
2 : 1	+ 11/17 × 1

En continuant ainsi, c'est-à-dire en ajoutant successivement terme à terme les rapports obtenus, et en soustrayant successivement les numérateurs des fractions dans la colonne des erreurs, le tableau définitif sera :

Rapports	Erreurs.
1 : 1	— 6/17 × 1
4 : 3	— 1/17 × 3
23 : 17	+ 0/17 × 17
19 : 14	+ 1/17 × 14
15 : 11	+ 2/17 × 11
11 : 8	+ 3/17 × 8
7 : 5	+ 4/17 × 5
3 : 2	+ 5/17 × 2
2 : 1	+ 11/17 × 1

En examinant les propriétés de cette série de rapports, on remarque :

1° Que la méthode des fractions continues n'aurait donné que les rapports $\frac{1}{1}$, $\frac{3}{2}$, $\frac{4}{3}$ et $\frac{23}{17}$, c'est-à-dire quatre au lieu de neuf;

2° Que cependant les neuf rapports trouvés ont, comme ceux-ci, la propriété de ne différer entre eux que d'une fraction ayant pour numérateur l'unité, et pour dénominateur le produit des dénominateurs;

3° Qu'on ne peut, en termes plus réduits, exprimer une valeur plus approchée de celle qui a été donnée.

Mais si, parmi ces rapports, il ne s'en trouvait pas un de convenable, on pourrait en créer d'autres, sauf à augmenter la valeur de leurs termes. Dans ce cas, prenant toujours le rapport donné $\frac{23}{17}$ et le tableau qu'il a produit, on pourra doubler le nombre des rapports trouvés, en ajoutant successivement terme à terme deux rapports consécutifs, ce qui donnera le tableau suivant, où l'on trouve les premiers rapports et leurs intermédiaires.

Rapports.	Erreurs.
1 : 1	— 6/17 × 1
* 5 : 4	— 7/17 × 4
4 : 3	— 1/17 × 3
*27 : 20	— 1/17 × 20
23 : 17	— 0/17 × 17
* 42 : 31	+ 1/17 × 31
19 : 14	+ 1/17 × 14
* 34 : 25	+ 3/17 × 25
15 : 11	+ 2/17 × 11
* 26 : 19	+ 5/17 × 19
11 : 8	+ 3/17 × 8
* 18 : 13	+ 7/17 × 13
7 : 5	+ 4/17 × 5
* 10 : 7	+ 9/17 × 7
3 : 2	+ 5/17 × 2
* 5 : 3	+ 16/17 × 3
2 : 1	+ 11/17 × 1

Dans ce tableau, les rapports intermédiaires sont marqués d'un astérisque, et l'on remarquera que, si les expressions d'un des nouveaux rapports sont le résultat de l'addition terme à terme des rapports primitifs, le numérateur de l'erreur est lui-même le résultat de l'addition terme à terme des numérateurs des erreurs primitives.

On comprend que si, dans ce nouveau choix, ne se trouvait pas encore un rapport convenable, on pourrait, par le même procédé, en créer d'autres, mais en ayant soin de ne faire ces opérations que sur les rapports d'une approximation suffisante.

DEUXIÈME PARTIE.

Recherche pratique des nombres à donner aux mobiles d'un rouage pour obtenir approximativement un rapport donné.

On sait que, dans un rouage, le rapport des vitesses entre deux axes est représenté par une fraction dont un des termes est le produit des nombres de dents de tous les mobiles menants, et dont l'autre terme est le produit des nombres de dents de tous les mobiles menés.

Il en résulte que, pour composer un rouage dont le rapport des vitesses entre deux axes est donné, on devra d'abord rechercher les facteurs premiers des deux termes du rapport; et si ces facteurs ne sont pas trop élevés pour être applicables des rouages, il est évident qu'on pourra reproduire rigoureusement le rapport proposé: car, des facteurs de l'un des termes, l'on formera les mobiles menants, et, des facteurs de l'autre, les mobiles menés.

Exemple : soit le rapport $\frac{10829}{330}$;

cherchant les facteurs de ces deux nombres on a :

$$\frac{10829}{330} = \frac{7 \times 7 \times 13 \times 17}{2 \times 3 \times 5 \times 11} = \frac{(7 \times 17).(7 \times 13)}{(2 \times 11).(3 \times 5)} = \frac{\text{roues}}{\text{pignons}} \frac{119.51}{22.15}.$$

Si la fraction $\frac{10829}{330}$ n'avait pas pu se traduire en nombres pratiques, il est évident qu'il aurait fallu avoir recours à une approximation, c'est-à-dire employer une autre fraction, ayant à très-peu près la même valeur, mais comportant, comme numérateur et dénominateur, des facteurs convenables.

A la fin de la première partie (dixième proposition), j'ai donné un exemple numérique, et indiqué la méthode à suivre en pareil cas. Je vais encore employer cette méthode, et passer de suite à des exemples directement applicables à l'horlogerie.

PREMIER PROBLÈME.

Un des axes d'une pendule fait son tour en un jour : on demande un rouage convenable pour faire faire à un autre axe sa révolution en un an.

Le jour se compose de 24 heures ou 86400 secondes.

L'année se compose de 365^j, 5^h, 48', 48'',
ou de 365^j et 20928 secondes, que l'on peut écrire ainsi :

$365 + \frac{20928}{86400}$ puisqu'une seconde est la 86400me partie du jour.

Le rapport des vitesses est donc comme $365 + \frac{20928}{86400} : 1$.

L'examen de ce rapport fait voir qu'il est compris entre, 365 : 1 et 366 : 1.

Le 1er donnerait une erreur de — 20928 secondes.
Le 2e » » de + 65472 »

Ce dernier nombre est le complément de 20928, c'est-à-dire qu'ajouté à celui-ci, on obtient le dénominateur 86400.

Mettant les nombres 20928 et 65472 en regard des rapports 365 : 1 et 366 : 1, on a le tableau suivant dans lequel les nombres de la première colonne s'appliqueront aux roues ; ceux de la deuxième aux pignons ; et dont enfin ceux de la troisième serviront à calculer l'erreur.

	R.		P.	
	365	:	1	— 20928.
(1)	....			....
	366	:	1	+ 65472.

Retranchant de 65472 le nombre 20928, il reste 44544, nombre qu'on placera au-dessus de 65472 et en regard du rapport 732 : 2, obtenu en ajoutant terme à terme les rapports 365 : 1 et 366 : 1, le tableau deviendra :

	R.		P.	
	365	:	1	— 20928
(2)	....			....
	732	:	2	+ 44544
	366	:	1	+ 65472

On opérera sur le rapport 365 : 1 et le nouveau rapport 732 : 1 comme on vient de le faire sur les deux précédents, et ainsi de suite, tant que 20928 pourra se retrancher du dernier reste obtenu ; on aura ainsi les deux tableaux suivants :

	R.		P.	
	365	:	1	— 20928
	....			....
(3)	....			....
	1096	:	3	+ 23616
	731	:	2	+ 44544
	366	:	1	+ 65472

	R.		P.	
	365	:	1	— 20928
	....			....
(4)	1461	:	4	+ 2688
	1096	:	3	+ 23616
	731	:	2	+ 44544
	366	:	3	+ 65472

Les quatre tableaux précédents ne sont donnés que dans le but de bien faire comprendre la méthode du calcul ; mais on voit tout de suite que les trois premiers sont inutiles et qu'on aurait pu obtenir directement le dernier.

Le reste 2688 étant plus faible que 20928, on le retranchera successivement de ce dernier nombre, et on écrira les restes à la suite les uns des autres sous le nombre 20928, en les affectant, comme celui-ci, du signe — .

Enfin, en regard du premier reste, on mettra le rapport résultant de l'addition terme à terme des rapports 365 : 1 et 1461 : 4.

Aux deux termes de ce nouveau rapport on ajoutera successivement les deux termes 1461 : 4, et, mettant les résultats en regard des restes successifs, le tableau deviendra :

	Roues.		Pignons.		
	365	:	1	—	20928
	1826	:	5	—	18240
	3287	:	9	—	15552
	4748	:	13	—	12864
	6209	:	17	—	10176
	7670	:	21	—	7488
	9130	:	25	—	4800
	10592	:	29	—	2112
(5)	....				....
	1461	:	4	+	2688
	1096	:	3	+	23616
	731	:	2	+	44544
	366	:	1	+	65472

Cette fois, 2112 étant plus faible que 2688, on le retranchera de ce dernier nombre, et l'on placera la différence au-dessus de 2688, en l'affectant du signe +.

On ajoutera aussi terme à terme les rapports qui sont en regard.

Lorsque le dernier reste sera plus petit que 2112, on le retranchera successive-

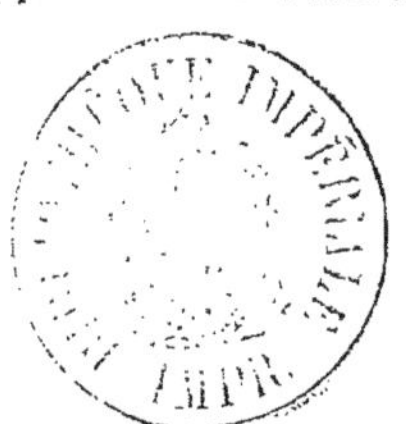

ment de ce nombre, et les restes seront placés au-dessous; ils devront être affectés comme lui du signe —.

En continuant ainsi, on obtiendra un tableau définitif (6) où seront groupés par ordre de grandeur tous les rapports approchés du rapport donné, sans qu'un autre rapport, à termes plus réduits, puisse en approcher davantage; il suffit, pour s'en convaincre, de remarquer que deux rapports consécutifs ne diffèrent entre eux que de l'unité divisée par le produit des dénominateurs; or on a vu (sixième proposition) qu'entre deux rapports qui ne diffèrent entre eux que de cette quantité, un intermédiaire, à termes plus petits, n'est pas possible, et (huitième proposition) que l'intermédiaire le plus réduit est celui qui résulte de leur addition terme à terme. Cette dernière condition donnera le moyen d'augmenter indéfiniment, au besoin, le nombre des résultats dans le cas où ceux obtenus seraient insuffisants.

Rapports approchés de $365 + \frac{20928}{86400} : 1$:

(6)

	Roues.		Pignons.		
1	365	:	1	—	20928
2	1826	:	5	—	18240
3	3287	:	9	—	15552
4	4748	:	13	—	12864
5	6209	:	17	—	10176
6	7670	:	21	—	7488
7	9131	:	25	—	4800
8	10592	:	29	—	2212
9	22645	:	62	—	1536
10	34698	:	95	—	960
11	46751	:	128	—	384
12	105555	:	289	—	192
13	164359	:	450		0
14	58804	:	161	+	192
15	12053	:	33	+	576
16	1461	:	4	+	2688
17	1096	:	3	+	23616
18	731	:	2	+	44544
19	366	:	1	+	65472

L'emploi de chacun des rouages de ce tableau comportera une erreur exprimée par une fraction de jour ayant pour numérateur le nombre en regard dans la dernière colonne et pour dénominateur le nombre 86400 multiplié par le nombre de l'avant-dernière colonne qui représente le produit des pignons. Pour exprimer l'erreur en secondes, il suffira de diviser le nombre de la dernière colonne par le nombre de la colonne des pignons. (Voir la dixième proposition.)

Quatre des résultats du tableau peuvent fournir des rouages ; ce sont ceux en regard des numéros 6, 12, 13 et 14.

$$\frac{7670}{21} = \frac{\text{Roues...}}{\text{pignons.}} \frac{59.130}{3.\ 7} \quad \text{Erreur...} - \frac{7488}{21} = 356'',6$$

$$\frac{105555}{289} = \frac{\text{Roues...}}{\text{pignons.}} \frac{5.\ 93.227}{1.\ 17.\ 17} \quad \text{Erreur...} - \frac{192}{289} = 0'',7$$

$$\frac{164359}{450} = \frac{\text{Roues...}}{\text{pignons..}} \frac{13.\ 47.269}{2.\ 9.\ 25} \quad \text{Erreur...} \frac{0}{450} = 0'',0$$

$$\frac{58804}{161} = \frac{\text{Roues...}}{\text{pignons..}} \frac{4.\ 61.241}{1.\ 7.\ 23} \quad \text{Erreur...} + \frac{192}{161} = 1'',2$$

On comprend que, dans ces rouages, les nombres 1, 2, 3 sont trop petits pour des pignons ; on aura la faculté de les multiplier par tel nombre qu'on voudra, pourvu qu'on fasse entrer ce nombre comme facteur, dans le produit des roues.

Si tous les rapports trouvés avaient eu leurs termes composés de facteurs trop élevés, on aurait pu en créer d'autres, en additionnant successivement terme à terme deux rapports consécutifs. On trouvera, dans quelques-uns des problèmes suivants, l'application de cet expédient.

DEUXIÈME PROBLÈME.

On veut construire une horloge qui indique le temps moyen et le temps sidéral.

Le rapport du temps sidéral au temps moyen est comme 0,997269566 : 1

Le problème à résoudre se réduit à chercher deux nombres qui représenteront, l'un le produit des mobiles menants, et l'autre le produit des mobiles menés, et qui seront entre eux dans le rapport approximatif de l'expression : 0,997269566 : 1.

Or ce rapport est compris entre 0 : 1 et 1 : 1.
L'erreur du premier est égale à — 0,997269566.
L'erreur du second est égale à + 0,002730434.

Cette dernière fraction est le complément de la première.

Mettant les chiffres utiles de ces fractions en regard des rapports 0 : 1 et 1 : 1, on aura le tableau suivant :

0 : 1	— 997269566
.....	....
.....	....
1 : 1	+ 2730434

Pour intercaler d'autres rapports entre ces deux premiers, on devrait, comme dans le premier problème, retrancher successivement le nombre 2730434 de 997269566, et ajouter, terme à terme, les rapports qui sont en regard; mais comme 2730434 est contenu un grand nombre de fois dans 997269566, on aurait, en opérant ainsi, une très-longue liste de résultats qui ne pourraient servir, leurs erreurs étant trop grandes.

Pour simplifier, on peut donc remplacer cette série de soustractions par une division qui abrégera singulièrement le travail, et, divisant 997269566 par 2730434, on aura au quotient 365, plus le reste 661156, qui sera le nouveau point de départ pour les opérations successives à faire comme dans le premier problème.

Mais, de même que l'on a simplifié le travail en remplaçant les soustractions successives par une division, on devra aussi remplacer les additions successives par une multiplication, et, multipliant les deux termes du rapport 1 : 1 par 365, qui est le quotient de la division, on aura 365 : 365; à ce rapport il faut ajouter, terme à terme, le rapport 0 : 1; en sorte que les rapports à produire seront dès à présent intercalés entre 365 : 366 et 1 : 1.

Les opérations donnent le tableau suivant :

	0 : 1	— 997269566
$\frac{(1 \times 365) + 0}{(1 \times 365) + 1} =$	365 : 366	— 661156
	....	....
	1 : 1	+ 2730434

Nous venons de faire ici une application de la neuvième proposition, où il est dit que deux rapports comportant des erreurs de signes contraires, et ayant le même dénominateur, doivent être combinés terme à terme dans le sens inverse de leur erreur respective.

On opérera, enfin, sur les rapports 365 : 366 et 1 : 1, comme il est expliqué dans le premier problème, et le tableau sera :

0	:	1	—	997269566
....				....
365	:	366	—	661156
1826	:	1831	—	575340
3287	:	3296	—	489536
4748	:	4761	—	403726
6209	:	6226	—	317916
7670	:	7691	—	232106
9131	:	9156	—	146296
10592	:	10621	—	60486
....				....
12053	:	12086	+	5324
1461	:	1465	+	85810
1096	:	1099	+	746966
731	:	733	+	1408122
366	:	367	+	2069278
1	:	1	+	2730434

Le tableau ci-dessus n'a pas été complétement terminé, parce que, dans la série des résultats obtenus, il est présumable que plusieurs d'entre eux pourront fournir des rouages avec une approximation suffisante.

Voici ces rouages :

$$\frac{365}{366} = \frac{5.73}{6.61} \quad \text{Erreur} \quad - \frac{0{,}000661156}{366} = 0{,}000001806$$

$$\frac{3287}{3296} = \frac{19.173}{32.103} \quad \text{Erreur} \quad - \frac{0{,}000489536}{3296} = 0{,}000000148$$

$$\frac{10592}{10621} = \frac{32.331}{43.247} \quad \text{Erreur} \quad - \frac{0{,}000060486}{10621} = 0{,}000000006$$

$$\frac{1096}{1099} = \frac{8.137}{7.157} \quad \text{Erreur} \quad + \frac{0{,}000746966}{1099} = 0{,}000000679$$

TROISIÈME PROBLÈME.

On demande un rouage dont le premier mobile menant fera son tour en un jour (temps moyen) et le dernier mobile mené en un jour lunaire, c'est-à-dire en 24 h., 50', 28'', 18''',7, ou 24 h. + 181698''',7.

Le jour étant composé de 5184000''', le rapport donné est

$$1 + \frac{181698,7}{5184000} : 1.$$

Il est nécessairement compris entre 1 : 1 et 2 : 1.

Le premier comporte une erreur égale à — 181698,7,

Le deuxième » » + 5002301,3.

Mettons ces nombres en regard des rapports 1 : 1 et 2 : 1, et calculons les rapports intermédiaires: comme 50023013 contient un grand nombre de fois 181698,7, et que les résultats successifs donneraient des rapports inutiles (les erreurs étant trop considérables), on divisera ces deux nombres l'un par l'autre, et, en opérant comme dans l'exemple précédent, on obtiendra un rapport, que l'on placera au dessus de 2 : 1, et l'on intercallera, entre le nouveau rapport et le rapport 1 : 1, une série de nombres, en suivant la marche indiquée plus haut, c'est-à-dire en soustrayant successivement l'un de l'autre les nombres de la troisième colonne et en additionnant successivement terme à terme les rapports, qui sont en regard.

Voici ce tableau :

1	:	1	—	181698,7
30	:	29	—	85262,3
89	:	86	—	74088,2
148	:	143	—	62914,1
207	:	200	—	51740,0
266	:	257	—	40565,9
325	:	314	—	29391,8
384	:	371	—	18217,7
443	:	428	—	7043,6
945	:	913	—	2913,1
2392	:	2311	—	1695,7
3839	:	3709	—	478,3
12964	:	12523	—	217,5
....		....		....

	9125 :	8816	+	260,8
	5286 :	5107	+	739,1
	1447 :	1398	+	1217,4
	502 :	485	+	4130,5
	99 :	57	+	11174,1
$\frac{(1 \times 27) + 2}{(1 \times 27) + 1} =$	29 :	28	+	90436,4
	....	.....		....
	2 :	1	+	5002301,3.

Il devenait inutile de continuer le tableau, parce qu'à la seule inspection on voit que les derniers résultats sont d'une approximation suffisante.

La série des nombres du tableau donne les rouages suivants :

$$\frac{207}{200} = \frac{9.\ 23}{10.\ 20} \quad \text{Erreur} \quad \frac{51740}{200} = \quad \text{environ} \quad 259'''$$

$$\frac{384}{371} = \frac{8.\ 48}{7.\ 53} \quad \text{Erreur} \quad \frac{18217{,}7}{371} = \quad \text{environ} \quad 49'''$$

$$\frac{945}{913} = \frac{15.\ 63}{11.\ 83} \quad \text{Erreur} \quad \frac{2913{,}1}{913} = \quad \text{environ} \quad 3'''\ \ 11''''$$

$$\frac{9125}{8816} = \frac{73.125}{76.116} \quad \text{Erreur} \quad \frac{260{,}8}{8816} = \quad \text{environ} \quad 0'''\ \ 2''''$$

Nota. — La marche des opérations étant toujours la même, je me suis borné, dans les exemples suivants, à donner les tableaux des rapports et les rouages qu'on en peut tirer.

Le premier tableau donne la révolution de Mercure ; on a pris pour première motrice un mobile faisant son tour en 24 heures.

Les autres tableaux donnent successivement les révolutions des autres planètes ; obtenues, chacune, au moyen d'un premier mobile menant, faisant son tour pendant la durée de la révolution de la plus proche planète inférieure.

QUATRIÈME PROBLÈME.

Révolution sidérale de Mercure, 87 j, 96926

Motrice, 1 j

Le rapport est égal à 87 + 0,96926 : 1 ou encore à 88 — 0,03074 : 1.

	Roues.		Pignons.		
	87	:	1	—	96926
	......		....		....
$\frac{(88 \times 31) + 87}{(1 \times 31) + 1} =$	2815	:	32	—	1632
	5718	:	65	—	190
	48647	:	553	—	78
	140223	:	1594	—	44
	......		....		....
	91576	:	1041	+	34
	42929	:	488	+	112
	37211	:	423	+	302
	31493	:	358	+	492
	25775	:	293	+	682
	20057	:	228	+	872
	14339	:	163	+	1062
	8621	:	98	+	1252
	2903	:	33	+	1442
	88	:	1	+	3074

Rouages.

$$\frac{37211}{423} = \frac{127.293}{9.\ 47}$$

$$\frac{8621}{98} = \frac{37.233}{7.\ 14}$$

$$\frac{5718 + 48747}{65 + 553} = \frac{54385}{618} = \frac{5.83.131}{1.\ 6.103}$$

$$\frac{48647 + 140223}{553 + 1594} = \frac{188870}{2147} = \frac{34.55.101}{1.\ 9.113}$$

$$\frac{91576 + 42929}{1041 + 488} = \frac{134505}{1529} = \frac{45.49.\ 61}{1.11.139}$$

$$\frac{37211 + 31493}{423 + 358} = \frac{68704}{781} = \frac{19.32.113}{1.11.\ 71}$$

Résultat : 87,96927 (1).

$$\frac{14339 + 8621}{163 + 98} = \frac{22960}{261} = \frac{140.164}{9.\ 29}$$

(1) Il convient, entre tous ces rouages, de donner la préférence au rapport $\frac{68704}{781}$, dont la décomposition donne des facteurs très-praticables.

CINQUIÈME PROBLÈME.

Révolution sidérale de Vénus, 224 j, 70080.
Motrice (1) 87,96927.

Le rapport est égal à $2 + \frac{4876226}{8796927}$ ou à $3 - \frac{3920701}{8796927}$.

Roues.		Pignons.		
2	:	1	—	4876226
5	:	2	—	955525
28	:	11	—	856924
51	:	20	—	758323
74	:	29	—	659722
97	:	38	—	561121
120	:	47	—	462520
143	:	56	—	363919
166	:	65	—	265318
189	:	74	—	166717
212	:	83	—	68116
447	:	175	—	37631
682	:	267	—	7146
....		....		....
2281	:	893	+	9047
1599	:	626	+	16193
917	:	359	+	23339
235	:	92	+	30485
23	:	9	+	98601
18	:	7	+	1054126
13	:	5	+	2009651
8	:	3	+	2965176
3	:	1	+	3920701

Rouages.

$$\frac{447}{175} = \frac{3.149}{5.\ 35}$$

$$\frac{682}{267} = \frac{22.\ 31}{3.\ 89}$$

$$\frac{235}{92} = \frac{5.\ 47}{4.\ 23}$$

$$\frac{2281 + 1599}{893 + 626} = \frac{3880}{1519} = \frac{40.\ 97}{31.\ 49}.$$ Résultat : 224,70097.

---

(1) Le nombre 87,96927, employé ici comme moteur, n'est pas rigoureusement celui des astronomes, c'est celui qui a été obtenu dans l'exemple précédent, et il est tout naturel qu'il serve de point de départ, pour que les erreurs successives de chaque planète conduite par la première ne s'accumulent pas.

SIXIÈME PROBLÈME.

Révolution sidérale de la Terre, 365,25637.

Motrice, 224,70097.

Le rapport est égal à $1 + \frac{14055540}{22470097}$ ou à $2 - \frac{8414557}{22470097}$.

Roues.		Pignons.		
1	:	1	—	14055540
3	:	2	—	5640983
8	:	5	—	2867409
13	:	8	—	93835
395	:	243	—	41476
1172	:	721	—	30593
1949	:	1199	—	19710
2726	:	1677	—	8827
6229	:	3832	—	6771
9732	:	5987	—	4715
13235	:	8142	—	2659
16738	:	10297	—	603
....		....		....
3503	:	2155	+	2056
777	:	478	+	10883
$\frac{(13 \times 29) + 5}{(8 \times 29) + 3} =$ 382	:	235	+	52359
....		....		....
5	:	3	+	2773574
2	:	1	+	8414557

Rouages.

$$\frac{395}{243} = \frac{5.79}{3.81}$$

$$\frac{2726}{1677} = \frac{58.47}{39.43}.$$ Résultat : 365,25631.

SEPTIÈME PROBLÈME.

Révolution sidérale de Mars, 686,97964.
Motrice, 365,25631.

Le rapport est égal à $1 + \frac{32172333}{36525631}$ ou à $2 - \frac{4353298}{36525631}$.

	Roues		Pignons.		
	1	:	1	—	32172333
	....				....
$\frac{(2 \times 7) + 1}{(1 \times 7) + 1} =$	15	:	8	—	1699247
	47	:	25	—	744443
	126	:	67	—	534082
	205	:	109	—	323721
	284	:	151	—	113360
	647	:	344	—	16359
	4245	:	2257	—	1153
	....				....
	3598	:	1913	+	15206
	2951	:	1569	+	31565
	2304	:	1225	+	47924
	1657	:	881	+	64283
	1010	:	537	+	80642
	363	:	193	+	97001
	79	:	42	+	210361
	32	:	17	+	954804
	17	:	9	+	2654051
	2	:	1	+	4353298

Rouages.

$$\frac{4245}{2257} = \frac{15.283}{37.\ 61}$$

$$\frac{2304}{1225} = \frac{32.\ 72}{25.\ 49}.$$ Résultat : 686,98003.

$$\frac{1010}{537} = \frac{10.101}{3.179}$$

HUITIÈME PROBLÈME.

Révolution sidérale de Jupiter, 4332,58482.

Motrice, 686,90083.

Le rapport est égal à $6 + \frac{21070464}{68698003}$ ou à $7 - \frac{47627539}{68698003}$.

Roues.		Pignons		
6	:	1	—	21070464
25	:	4	—	15583853
44	:	7	—	10097242
63	:	10	—	4610631
145	:	23	—	3734651
227	:	36	—	2858671
309	:	49	—	1982691
391	:	62	—	1106711
473	:	75	—	230731
1974	:	313	—	46944
.....		.....		.....
7423	:	1177	+	42955
5449	:	864	+	89899
3475	:	551	+	136843
1501	:	238	+	183787
1028	:	163	+	414518
555	:	88	+	645249
82	:	13	+	875980
19	:	3	+	5486611
13	:	2	+	26557075
7	:	1	+	47627539

Rouages.

$$\frac{473}{75} = \frac{11.\ 43}{5.\ 25}$$

$$\frac{3475}{551} = \frac{25.139}{19.\ 29}$$

$$\frac{1501}{238} = \frac{19.\ 79}{14.\ 17}$$

Résultat : 4332,58732.

NEUVIÈME PROBLÈME.

Révolution sidérale de Saturne, 10759,2198.
Motrice, 4332,5873.

Le rapport est égal à $2 + \frac{20940452}{43325873}$ ou à $3 - \frac{22385421}{43325873}$.

	Roues.		Pignons.			
	2	:	1	—	20940452	
	....				....	
$\frac{(5 \times 14) + 2}{(2 \times 14) + 1} =$	72	:	29	—	710886	
	....				....	
$\frac{(149 \times 20) + 72}{(60 \times 20) + 29} =$	3052	:	1229	—	246946	(1)
	3201	:	1289	—	223749	
	3350	:	1349	—	200552	
	3499	:	1409	—	177355	
	3648	:	1469	—	154158	
	3797	:	1529	—	130961	
	3946	:	1589	—	107764	
	4095	:	1649	—	84567	
	4244	:	1709	—	61370	
	4393	:	1769	—	38173	
	4542	:	1829	—	14976	
	....				....	
	149	:	60	+	23197	
	77	:	31	+	734083	
	5	:	2	+	1444969	
	3	:	1	+	22385421	

Rouages.

$$\frac{3350}{1349} = \frac{50.\ 67}{19.\ 71}$$

$$\frac{4095}{1649} = \frac{45.\ 91}{17.\ 97}$$

$$\frac{4393}{1769} = \frac{23.191}{29.\ 61}.$$

Résultat : 10759,2176.

(1) La division de 710886 par 23197 donne au quotient : 30. Il aurait donc fallu faire trente opérations successives ; mais, comme on le remarque, une partie de ces opérations a été évitée en faisant usage du procédé de simplification indiqué dans le deuxième problème.

DIXIÈME PROBLÈME.

Révolution sidérale d'Uranus, 30686,8205.
Motrice, 10759,2176.

Le rapport est égal à $2 + \frac{91683853}{107592176}$ ou à $3 - \frac{15908323}{107592176}$.

	Roues.		Pignons.		
	2	:	1	—	91683853
	....				....
$\frac{(3 \times 5) + 2}{(1 \times 5) + 1} =$	17	:	6	—	12142238
	37	:	13	—	8376153
	57	:	20	—	4610068
	77	:	27	—	843983
	405	:	142	—	453830
	733	:	257	—	63677
	....				....
	4726	:	1657	+	8091
	3993	:	1400	+	71768
	3260	:	1143	+	135445
	2527	:	886	+	199122
	1794	:	629	+	262799
	1061	:	372	+	326476
	328	:	115	+	390153
	251	:	88	+	1234136
	174	:	61	+	2078119
	97	:	34	+	2922102
	20	:	7	+	3766085
	3	:	1	+	15908323

Rouages.

$$\frac{405}{142} = \frac{5.\ 81}{2.71}$$

$$\frac{3993}{1400} = \frac{33.121}{14.100}.$$ Résultat : 30686,8256.

$$\frac{3260}{1143} = \frac{20.163}{9.127}$$

$$\frac{1794}{629} = \frac{23.\ 78}{17.\ 37}$$

ONZIÈME PROBLÈME.

Révolution sidérale de Neptune,	60127,0000.
Motrice,	30686,8256.

Le rapport est égal à $1 + \frac{294401744}{306868256}$ ou à $2 - \frac{12466512}{306868256}$.

	Roues.		Pignons.		
	1	:	1	—	294401744
	....				....
$\frac{(2 \times 23) + 1}{(1 \times 23) + 1} =$	47	:	24	—	7671968
	96	:	49	—	2877424
	241	:	123	—	960304
	627	:	320	—	3488
	....				....
	386	:	197	+	956816
	145	:	74	+	1917120
	49	:	25	+	4794544
	2	:	1	+	12466512

Rouages.

$$\frac{96}{49} = \frac{8.12}{7.\ 7}$$

$$\frac{627}{320} = \frac{11.57}{10.32}.$$ Résultat : 60126,999.

$$\frac{145}{74} = \frac{5.29}{2.37}$$

TROISIÈME PARTIE.

Exposé des propriétés dont jouissent les fractions dans l'ordre où elles sont classées dans la table méthodique des fractions.

Il me reste à parler de la table que j'ai annoncée dans la première partie, table qui donne la comparaison entre les fractions décimales et les fractions ordinaires.

Avant d'indiquer tout le parti qu'on peut tirer de cette table, je ferai remarquer que presque toujours les rapports donnés sont exprimés en fractions décimales, et que ma table des fractions donne immédiatement des valeurs approchées sans recourir à aucun calcul.

Cette table comprend toutes les fractions ordinaires dont le dénominateur ne dépasse pas 100.

Ces fractions rangées par ordre de grandeur jouissent de certaines propriétés, entre autres :

1° Chacune d'elles a exactement la valeur de la fraction qu'on obtiendrait en ajoutant terme à terme les deux fractions dont celle en question est l'intermédiaire.

$$\text{Ainsi,}\ \frac{19}{86} = 0{,}220930236 = \frac{17+21}{77+95} = \frac{38}{72} = \frac{19}{86}.$$

$$\text{De même,}\ \frac{21}{95} = 0{,}2210526316 = \frac{19+2}{86+9} = \frac{21}{95}.$$

2° La différence entre deux fractions consécutives est toujours égale à une fraction ayant pour numérateur l'unité, et pour dénominateur le produit des dénominateurs de ces deux fractions.

EXEMPLE.

$$\frac{21}{95} - \frac{19}{86} = \frac{21 \times 86}{95 \times 86} - \frac{19 \times 95}{86 \times 95} = \frac{1806 - 1805}{95 \times 86} = \frac{1}{95 \times 86}.$$

Deux fractions consécutives de la table peuvent donc être considérées comme étant deux réduites communes à toutes les fractions comprises entre elles deux; en d'autres termes une fraction intermédiaire entre deux fractions consécutives de la table aura son numérateur et son dénominateur plus grands que les mêmes termes de chacune des deux fractions.

3° L'addition terme à terme de deux fractions consécutives de la table produit une nouvelle fraction qui est l'intermédiaire exprimé par les termes les plus réduits.

Ainsi, entre $\frac{19}{86}$ et $\frac{21}{95}$, le plus petit intermédiaire est $\frac{19+21}{86+95} = \frac{40}{181}$.

En effet, si l'on compare la fraction $\frac{40}{181}$ avec chacune des fractions $\frac{19}{86}$ et $\frac{21}{95}$, on voit que la différence est dans les deux cas exprimée par une fraction ayant pour numérateur 1 unité, et pour dénominateur le produit des dénominateurs.

Il suffira donc, pour intercaler un certain nombre de fractions entre deux consécutives de la table, d'additionner successivement numérateur à numérateur et dénominateur à dénominateur; les fractions ainsi obtenues se rangeront naturellement par ordre de grandeur et jouiront constamment entre elles des propriétés que nous venons de signaler.

Nous venons de retrouver là les propriétés indiquées dans les propositions développées dans la première partie, et il est inutile d'entrer dans d'autres démonstrations.

EMPLOI DE LA TABLE DES FRACTIONS POUR LA RECHERCHE DE RAPPORTS APPROCHÉS.

De ce qui précède il résulte qu'on peut substituer immédiatement à une fraction décimale une fraction ordinaire, sans qu'aucune autre, en termes plus réduits, puisse approcher davantage de la fraction décimale donnée.

Voici la marche à suivre lorsqu'on veut atteindre une plus grande approximation.

PREMIER EXEMPLE.

Soit à trouver une fraction ordinaire à peu près égale à la fraction décimale 0,220949.

Cherchant dans la table, on n'y trouve pas cette fraction; mais on voit qu'elle est comprise entre les deux fractions consécutives.

$\frac{19}{86} = 0{,}220930$ comportant une erreur de $-0{,}000019$

et $\frac{21}{95} = 0{,}221053$ comportant une erreur de $+0{,}000104$.

Comme on ne peut comparer que des unités de la même espèce ou des fraction ayant le même dénominateur, on commencera par réduire les fractions $\frac{19}{86}$ et $\frac{21}{95}$ au même dénominateur, et on aura :

$$\frac{19}{86} = \frac{19 \times 95}{86 \times 95} = 0{,}220930 \quad \text{Erreur : } - 0{,}000019.$$

$$\frac{21}{95} = \frac{21 \times 86}{95 \times 86} = 0{,}221053 \quad \text{Erreur : } + 0{,}000104.$$

On comprend que si les nouvelles fractions $\frac{19 \times 95}{86 \times 95}$ et $\frac{21 \times 86}{95 \times 86}$ avaient comporté des erreurs égales, l'une en plus, l'autre en moins, il aurait suffi de les additionner terme à terme pour obtenir, au résultat, la fraction cherchée.

On comprend encore que si ces erreurs sont dans des proportions telles que celle de la première soit 2, 3, 4, 5 fois moins grande que celle de la seconde, il faudra aux deux termes de celle-ci ajouter 2, 3, 4 5 fois les deux termes de la première (9e proposition).

Or 19, qui représente l'erreur de la fraction $\frac{19 \times 95}{86 \times 95}$, est contenu un peu plus de cinq fois dans 104, qui représente l'erreur de la fraction $\frac{21 \times 86}{95 \times 86}$; il faudrait donc, aux deux termes de celle-ci qui comporte la plus grande erreur, ajouter un peu plus de cinq fois les deux termes de la première, c'est-à-dire combiner ces fractions terme à terme dans le sens inverse de leur erreur; et comme ces erreurs sont représentées par 19 et 104, nombres qui sont premiers entre eux, on devrait, pour obtenir une exactitude rigoureuse, combiner les deux fractions terme à terme dans le sens inverse de ces nombres.

On multipliera donc les deux termes de la première par 104, qui représente l'erreur de la seconde; on multipliera aussi les deux termes de celle-ci par 19, qui représente l'erreur de la première; et, additionnant ces résultats terme à terme, on aura pour valeur cherchée la fraction $\frac{(19 \times 95 \times 104) + (21 \times 86 \times 19)}{(86 \times 95 \times 104) + (95 \times 86 \times 19)}$.

En examinant ce résultat, on voit que les deux termes de la première fraction $\frac{19}{86}$ sont multipliés par le produit de l'erreur et du dénominateur de la fraction $\frac{21}{95}$, et que les deux termes de celle-ci sont multipliés par le produit de l'erreur et du dénominateur de la fraction $\frac{19}{86}$, et qu'enfin ces résultats sont additionnés terme à terme. (Voir 9e proposition.)

Il résulte de cet examen que, pour obtenir une fraction ordinaire ayant la valeur d'une fraction décimale donnée, on prendra dans la table les deux fractions consécutives entre lesquelles elle est comprise, et on les combinera terme à terme dans le sens inverse du produit de l'erreur de chacune d'elles par son dénominateur.

Reprenons l'exemple précédent, c'est-à-dire la fraction décimale 0,220949 et les deux fractions ordinaires de la table entre lesquelles sa valeur est comprise, c'est-à-dire $\frac{19}{86}$ erreur — 0,000019 et $\frac{21}{95}$ erreur + 0,000104.

Pour obtenir le rapport exact, il faudrait combiner ces deux fractions terme à terme dans le sens des nombres $\frac{104 \times 95}{19 \times 86} = \frac{9880}{1634}$; mais, si l'on ne veut avoir qu'un résultat approché, on peut se contenter de les combiner dans le sens approximatif de ces derniers nombres.

Or $\frac{9880}{1634}$ = environ $\frac{6}{1}$. La fraction décimale 0,220949 sera donc très-approximativement représentée par $\frac{(19 \times 6) + 21}{(86 \times 6) + 95} = \frac{114 + 21}{516 + 95} = \frac{135}{611}$.

Le résultat ne sera pas exact, parce que 9880 contient un peu plus de six fois 1634; mais l'erreur sera insignifiante. En effet, $\frac{135}{611}$ = 0,22094926, qui ne diffère de la fraction donnée que dans la 7e décimale.

DEUXIÈME EXEMPLE.

Soit la fraction décimale 0,5305883 dont on veut avoir une représentation approximative en fraction ordinaire.

Les deux fractions consécutives de la table sont $\frac{26}{49}$ = 0,5306122, donnant + 0,0000239 d'erreur, et $\frac{35}{66}$ = 0,5303030, donnant 0,0002853 d'erreur.

Comme dans l'exemple précédent, on combinera terme à terme les fractions $\frac{26}{49}$ et $\frac{35}{66}$ dans le sens inverse du produit de l'erreur de chacune d'elles par son dénominateur, c'est-à-dire des nombres $\frac{2853 \times 66}{239 \times 49} = \frac{188298}{1171}$ ou environ $\frac{16}{1}$

On aura alors au résultat :

$$\frac{(26 \times 16) + 35}{(49 \times 16) + 66} = \frac{416 + 35}{784 + 66} = \frac{451}{850} = 0,53058823.$$

L'erreur est égale à — 0,00000007.

TROISIÈME EXEMPLE.

On demande deux nombres qui soient à très-peu près entre eux dans le rapport de $\frac{3,1415927}{1}$ *qui est le rapport approché de la circonférence au diamètre.*

Les deux fractions consécutives de la table qui se rapprochent le plus de la décimale 0,1415927 sont $\frac{1}{7} = 0,1428571$ donnant $+ 0,0012644$ d'erreur

et $\frac{14}{99} = 0,1414141$ donnant $- 0,0001786$ d'erreur.

Combinant terme à terme ces deux fractions dans le sens inverse du produit de leur erreur par leur dénominateur, c'est-à-dire des nombres $\frac{1786 \times 99}{12644 \times 7} = \frac{176814}{88508}$ ou environ $\frac{2}{1}$, on aura $\frac{(1 \times 2) + 14}{(7 \times 2) + 99} = \frac{2 + 14}{14 + 99} = \frac{16}{113}$

Enfin, substituant la fraction $\frac{16}{113}$ à la fraction 0,1415927, on aura :

$$\frac{3 + \frac{16}{113}}{1} = \frac{(3 \times 113) + 16}{113} = \frac{339 + 16}{113} = \frac{355}{113} = 3,1415929.$$

Erreur............. 0,0000002.

Les nombres 355 et 113 sont à très-peu près dans le rapport proposé, c'est-à-dire que 113 représente très-approximativement le diamètre d'un cercle ayant 355 de circonférence.

QUATRIÈME EXEMPLE.

Soit à trouver deux nombres qui devront être à très-peu près entre eux dans le rapport de $\frac{1,414214}{1}$ *qui est le rapport approché de la diagonale au côté du carré.*

---

(1) Je ferai remarquer, en passant, que le rapport $\frac{355}{113}$ est celui qu'on attribue à Adrien Métius, et qu'il a été fourni tout naturellement par cette méthode.

Les deux fractions les plus approchées de 0,414214 sont $\frac{29}{70}$ = 0,414286 donnant + 0,000072 d'erreur, et $\frac{41}{99}$ = 0,414141 dont l'erreur est — 0,00073.

Comme les erreurs en sens contraire que comportent ces deux fractions sont à peu près égales, on peut se contenter de les additionner terme à terme ; on aura $\frac{29+41}{70+99} = \frac{70}{169}$ qui, substitué à la fraction décimale, donne :

$$\frac{1+\frac{70}{169}}{1} = \frac{169+70}{169} = \frac{239}{169} = 1{,}414211.$$

Erreur......... 0,000003.

Le nombre 239 représente donc à très-peu près la diagonale d'un carré dont le côté aurait 169.

Les calculs précédents n'ont eu pour but que d'indiquer comment on doit faire usage de la table des fractions ; nous allons actuellement l'employer à la recherche des nombres applicables aux rouages.

Calcul des nombres de dents que peuvent comporter les mobiles d'un rouage, pour que les vitesses de deux axes soient dans un rapport donné ou à très-peu près.

Il est indispensable de faire les calculs indiqués dans la 2e partie, calculs résultant des propositions développées dans la première, si l'on n'a pas sous la main ma table des fractions; mais cette table une fois construite, il est bon de montrer tout le parti qu'on en peut tirer pour ces opérations.

Voici quelques exemples qui indiqueront immédiatement la marche à suivre.

PREMIER PROBLÈME.

On demande les nombres de dents que peuvent comporter deux mobiles engrenant ensemble pour que leurs vitesses soient dans le rapport approché de :

$$\frac{29{,}53058}{7} = \frac{4{,}21865}{1}.$$

C'est le rapport de la révolution synodique de la lune à la durée de la semaine.

Cherchant dans la table, on ne trouve pas la fraction 0,21865 ; mais celle qui s'en rapproche le plus est 0,21875, et la fraction ordinaire qui est en regard est $\frac{7}{32}$.

Si on veut se contenter de cette approximation, on aura, au lieu du rapport proposé : $\frac{4 + \frac{7}{32}}{1} = \frac{(4 \times 32) + 7}{32} = \frac{128 + 7}{32} = \frac{135}{32} = 4{,}21875.$

Erreur......... 0,00010.

On peut donc employer une roue de 135 et un pignon de 32 ; ce dernier, faisant sa révolution en sept jours, fera faire à la roue de 135 son tour dans un mois lunaire.

Pour connaître le degré d'approximation obtenu avec ces nombres, on posera la proportion : $32 : 7 :: 135 : \frac{135 \times 7}{32} = \frac{945}{32} = 29{,}53062.$

Erreur..... 0,00004.

DEUXIÈME PROBLÈME.

Soit le rapport : $\frac{365{,}2422}{29{,}5306} = \frac{12{,}3683}{1},$

qui est celui de la durée de l'année civile à la durée de la révolution synodique de la lune.

Cherchant dans la table des fractions, on voit que celle qui se rapproche le plus de 0,3683 est 0,3684, dont la valeur approchée est $\frac{7}{19}$.

Si l'on se contente de cette approximation, on aura :

$$\frac{12 + \frac{7}{19}}{1} = \frac{(12 \times 19) + 7}{19} = \frac{228 + 7}{19} = \frac{235}{19} = 12{,}3684.$$

Erreur.... 0,0001.

On peut donc avoir une roue de 235 dents et un pignon de 19 ; ce dernier, faisant son tour dans le mois lunaire, fera faire à la roue de 235 son tour en une année.

L'approximation se déduira de la proportion suivante :

$$19 : 29{,}5306 :: 235 : \frac{29{,}5306 \times 235}{19} = \frac{6939{,}6910}{19} = 365{,}246.$$

Erreur.... 0,004.

TROISIÈME PROBLÈME.

Soit le rapport $\frac{87,96926}{1}$ *représentant la durée de la révolution sidérale de Mercure.*

Cherchant dans la table, on voit que la fraction la plus approchée de 0,96926 est 0,926923 $= \frac{63}{65}$.

Faisant usage de cette dernière, on a :

$$\frac{87 + \frac{63}{65}}{1} = \frac{(87 \times 65) + 63}{65} = \frac{5655 + 63}{65} = \frac{5718}{65} = 87,96923.$$

Erreur.... 0,00003.

On obtiendrait donc, avec les nombres 5718 et 65, un résultat convenable; mais comme le premier de ces nombres contient le facteur 953, qui est trop grand pour une roue, on en recherchera d'autres comportant des facteurs plus petits.

La fraction dont l'erreur en sens contraire est la plus approchée est : 0,96938 $= \frac{95}{98}$.

Substituant cette fraction à la décimale 0,96926, on a :

$$\frac{87 + \frac{95}{98}}{1} = \frac{(87 \times 98) + 95}{98} = \frac{8526 + 95}{98} = \frac{8621}{98} = 87,96938.$$

L'erreur est égale à + 0,00012

Ces nombres sont plus pratiques que les précédents.

En effet : $\frac{8621}{98} = \frac{37 \times 233}{7 \times 14}$.

On pourrait donc avoir un premier pignon de 7 engrenant avec une roue de 37 dents rivée sur l'axe d'un pignon de 14, engrenant enfin avec une dernière roue de 233 dents.

Si les rapports $\frac{5718}{65}$ et $\frac{8621}{98}$ ne s'étaient prêtés ni l'un ni l'autre à la composition d'un rouage, on en aurait obtenu un autre plus exact, en les combinant terme à terme dans le sens inverse du produit de leur erreur par leur dénominateur, c'est-à-dire des nombres $\frac{12 \times 98}{3 \times 65} = \frac{1176}{195}$ ou environ $\frac{6}{1}$.

On aurait : $\dfrac{(5718 \times 6) + 8621}{(\ 65 \times 6) + 98} = \dfrac{3438 + 8621}{390 + 98} = \dfrac{42929}{488} = 87{,}969262.$

L'erreur est égale à 0,000002.

Mais on ne peut pas faire usage de ces nombres; car 42929 est un nombre premier. Il faut donc en créer d'autres.

Alors, au lieu de procéder comme on vient de le faire, on peut, aux deux termes du rapport $\frac{8621}{98}$, qui donne le plus d'erreur, ajouter successivement 1, 2, 3, 4, 5, 6 fois les deux termes du rapport $\frac{5718}{65}$, dont l'erreur est moins grande.

On aura alors six résultats intermédiaires parmi lesquels on choisira, pour composer un rouage, celui dont les facteurs seront les plus convenables.

EXEMPLE.

$$\frac{8621}{98}.$$

1er résultat : $\dfrac{8621 + 5718}{98 + 65} = \dfrac{14339}{163}.$

2e » $\dfrac{14339 + 5718}{163 + 65} = \dfrac{20057}{228}.$

3e » $\dfrac{20057 + 5718}{228 + 65} = \dfrac{25775}{293}.$

4e » $\dfrac{25775 + 5718}{293 + 65} = \dfrac{31493}{358}.$

5e » $\dfrac{31493 + 5718}{358 + 65} = \dfrac{37211}{423} = \dfrac{127 \times 293}{9 \times 47} = 87{,}969267.$

6e » $\dfrac{37211 + 5718}{423 + 65} = \dfrac{42929}{488}.$

$$\frac{5718}{65}.$$

Le 5e résultat est le seul qui a pu fournir un rouage; mais si, après avoir recherché les facteurs des nombres de la liste ci-dessus, on n'avait rencontré que des facteurs trop élevés, on en aurait eu d'autres en ajoutant terme à terme deux résultats consécutifs.

EXEMPLE.

$$\frac{8621 + 14339}{98 + 163} = \frac{22960}{261} = \frac{112 \ . \ 205}{9 \ . \ 29} = 87{,}96934.$$

L'erreur est égale à + 0,00009.

Ce dernier rouage est moins exact que le précédent, mais il permet des mobiles moins nombrés.

Ce problème a déjà été résolu dans la 2e partie. Les deux solutions servent à montrer la concordance des deux méthodes, qui sont après tout les mêmes, sauf le travail préparé qu'offre la table.

Les résultats, comme on pourra le remarquer, sont identiques.

QUATRIÈME PROBLÈME.

Soit le rapport $\frac{29{,}5305883}{1}$ *représentant la durée de la révolution synodique de la lune qui, en temps moyen, est de* 29j, 12h, 44', 2'' 50'''.

Cherchant dans la table, on voit que la fraction la plus approchée de 0,5305883 est $0{,}5306112 = \frac{26}{49}$.

Faisant usage de cette dernière, on aura, au lieu du rapport proposé, le rapport suivant :

$$\frac{29 + \frac{26}{49}}{1} = \frac{(29 \times 49) + 26}{49} = \frac{1421 + 26}{49} = \frac{1447}{49} = 29{,}5306112.$$

Erreur.... + 0,0000229.

Le rapport $\frac{1447}{49}$ ne peut servir ; car 1447, qui représente le produit des roues, est un nombre premier.

La fraction qui, après celle qu'on vient d'essayer, donne une erreur en sens contraire, est $0{,}5303030 = \frac{35}{66}$.

Substituant cette fraction à la décimale 0,5305883, on a :

$$\frac{29 + \frac{35}{66}}{1} = \frac{(29 \times 66) + 35}{66} = \frac{1914 + 35}{66} = \frac{1949}{63} = 29{,}5303030.$$

Erreur ..... — 0,0002853.

On ne peut pas encore se servir de ces derniers nombres; car 1949 est un nombre premier.

On obtiendrait un rapport très-approché en combinant approximativement les deux précédents rapports dans le sens inverse du produit de leur erreur par leur dénominateur, c'est-à-dire des nombres $\frac{2853 \times 66}{229 \times 49} = \frac{188298}{1121}$.

Divisant 188298 par 1121, on a au quotient 16 et un reste: on pourra donc, aux nombres $\frac{188298}{1121}$, substituer $\frac{16}{1}$, ou encore $\frac{17}{1}$, et l'on aura les résultats suivants:

$$\frac{(1447 \times 16) + 1949}{(\ 49 \times 16) + \ 66} = \frac{23152 + 1949}{784 + \ 66} = \frac{25101}{850} = 29{,}53058823;$$

$$\frac{(1447 \times 17) + 1949}{(\ 49 \times 17) + \ 66} = \frac{25101 + 1447}{850 + \ 49} = \frac{26548}{899} = 29{,}5305895.$$

Ces deux nouveaux rapports ne peuvent fournir des rouages; en effet, 25101 a pour facteurs $3 \times 3 \times 2789$, et ceux de 26548 sont $2 \times 2 \times 6637$.

On procédera alors comme dans l'exemple précédent, c'est-à-dire qu'aux deux termes du rapport $\frac{1949}{66}$, qui donne le plus d'erreur, on ajoutera successivement 1, 2, 3, 4, 5, 6, 7, 8, 9, 10, 11, 12, 13, 14, 15, 16, 17 fois les deux termes $\frac{1447}{49}$; on aura alors 17 résultats intermédiaires, parmi lesquels on choisira ceux dont les facteurs seront les plus convenables pour des rouages.

Le premier résultat obtenu par l'addition terme à terme des rapports $\frac{1949}{66}$ et $\frac{1447}{49}$ aura une valeur comprise entre ces deux derniers, et comportera conséquemment moins d'erreur que $\frac{1949}{66}$, qui est le moins exact des deux. Le deuxième résultat sera plus exact que le premier, le troisième plus exact que le second, et l'erreur ira toujours en diminuant jusqu'au seizième, qui donne, comme nous l'avons vu, très-peu d'erreur; enfin, après celui-ci, le dix-septième sera le plus exact de la liste.

Ces résultats sont les suivants :

$\frac{1949}{66}$

1 $\frac{1949 + 1447}{66 + 49} = \frac{3396}{115}$

2 $\frac{3396 + 1447}{115 + 49} = \frac{4843}{164} = \frac{29.167}{4.\ 41} = 29^{J},\ 12^{h},\ 43',\ 54'',\ 9'''$

3 $\frac{4843 + 1447}{164 + 49} = \frac{6290}{213} = \frac{37.170}{3.\ 71} = 29^{J},\ 12^{h},\ 43',\ 56'',\ 37'''$

4 $\frac{6290 + 1447}{213 + 49} = \frac{7737}{262}$

5 $\frac{7737 + 1447}{262 + 49} = \frac{9184}{311}$

6 $\frac{9184 + 1447}{311 + 49} = \frac{10631}{360}$

7 $\frac{10631 + 1447}{360 + 49} = \frac{12078}{409}$

8 $\frac{12078 + 1447}{409 + 49} = \frac{13525}{458}$

9 $\frac{13525 + 1447}{458 + 49} = \frac{14972}{507} = \frac{76.197}{13.\ 39} = 29^{J},\ 12^{h},\ 44',\ 1'',\ 25'''$

10 $\frac{14972 + 1447}{507 + 49} = \frac{16419}{506}$

11 $\frac{16419 + 1447}{506 + 49} = \frac{17866}{605}$

12 $\frac{17866 + 1447}{605 + 49} = \frac{19313}{654} = \frac{89.127}{6.109} = 29^{J},\ 12^{h},\ 44',\ 2'',\ 3'''$

13 $\frac{19313 + 1447}{654 + 49} = \frac{20760}{703} = \frac{120.173}{19.\ 37} = 29^{J},\ 12^{h},\ 44',\ 2'',\ 23'''$

14 $\frac{20760 + 1447}{703 + 49} = \frac{22207}{752}$

15 $\frac{22207 + 1447}{752 + 49} = \frac{23654}{801}$

16 $\frac{23654 + 1447}{801 + 49} = \frac{25101}{850}$

17 $\frac{25101 + 1447}{850 + 49} = \frac{26548}{899}$

$\frac{1447}{49}$

Cinq des résultats de cette liste ont pu fournir des rouages : ce sont ceux en regard des nos 2, 3, 9, 12, 13.

L'erreur du premier rouage n'est que de 9 secondes; les rouages qui suivent donnent des erreurs de plus en plus petites; enfin le dernier ne comporte que 26 tierces d'erreur.

Cette erreur eût été moins grande encore si l'on avait pu faire usage des nombres $\frac{25101}{850}$, qui sont le résultat de la seizième combinaison.

Si, après avoir cherché les facteurs des nombres contenus dans la liste précédente, on n'avait rencontré que des facteurs trop élevés, on en aurait créé d'autres en additionnant terme à terme deux des résultats consécutifs; mais, dans ce cas, l'exactitude n'aurait pas été approchée en raison de la grandeur des nombres employés.

EXEMPLES :

Additionnant terme à terme les résultats en regard des nos 3 et 4, on a :

$$\frac{6290 + 7737}{213 + 262} = \frac{14027}{475} = \frac{83.169}{19.25} = 29^{j}, 12^{h}, 43', 57'', 18'''.$$

L'erreur devient insignifiante si l'on fait cette combinaison sur les deux résultats consécutifs qui sont les plus exacts, c'est-à-dire sur les résultats en regard des nos 16 et 17. On aura :

$$\frac{25101 + 26548}{850 + 899} = \frac{51649}{1749} = \frac{13.29.137}{3.11.53} = 29^{j}, 12^{h}, 44', 2'', 52'''$$

Ce dernier rouage ne donne que 2 tierces d'erreur; mais il exige l'emploi de trois roues et de trois pignons.

Ces différents exemples me paraissent suffisants pour établir l'utilité de ma table des fractions appliquée à la recherche des nombres des rouages; utilité qui nous paraît démontrée par ce fait que cette table donne immédiatement deux résultats très-approchés, et qu'il suffit, pour en trouver d'autres, de faire une série d'additions.

TABLE

DE

CONVERSION EN DÉCIMALES

DES

FRACTIONS ORDINAIRES

A l'usage du Calcul des Rouages par approximation

MÉTHODE NOUVELLE

CONVERSION EN DÉCIMALES

DE TOUTES LES FRACTIONS ORDINAIRES

DONT LE DÉNOMINATEUR N'EXCÈDE PAS **100.**

Les Numérateurs sont dans la 1re colonne sous la lettre **N.** — Les Dénominateurs sont dans la 2e colonne sous la lettre **D.**

N.	D.	Fraction décimale.
0	1	0.0000000000
1	100	0.0100000000
1	99	0.0101010101
1	98	0.0102040816
1	97	0.0103092784
1	96	0.0104166667
1	95	0.0105263158
1	94	0.0106382979
1	93	0.0107526882
1	92	0.0108695652

N.	D.	Fraction décimale.
1	92	0.0108695652
1	91	0.0109890110
1	90	0.0111111111
1	89	0.0112359551
1	88	0.0113636364
1	87	0.0114942529
1	86	0.0116279070
1	85	0.0117647059
1	84	0.0119047619
1	83	0.0120481928
1	82	0.0121951220
1	81	0.0123456790
1	80	0.0125000000
1	79	0.0126582278
1	78	0.0128205128
1	77	0.0129870130
1	76	0.0131578947
1	75	0.0133333333
1	74	0.0135135135
1	73	0.0136986301
1	72	0.0138888889
1	71	0.0140845070
1	70	0.0142857143
1	69	0.0144927536
1	68	0.0147058824
1	67	0.0149253731
1	66	0.0151515152
1	65	0.0153846154
1	64	0.0156250000
1	63	0.0158730159
1	62	0.0161290323

N.	D.	Fraction décimale.	N.	D.	Fraction décimale.
1	62	0.0161290323	1	37	0.0270270270
1	61	0.0163934426	2	73	0.0273972603
1	60	0.0166666667	1	36	0.0277777778
1	59	0.0169491525	2	71	0.0281690141
1	58	0.0172413793	1	35	0.0285714286
1	57	0.0175438596	2	69	0.0289855072
1	56	0.0178571429	1	34	0.0294117647
1	55	0.0181818182	2	67	0.0298507463
1	54	0.0185185185	3	100	0.0300000000
1	53	0.0188679245	1	33	0.0303030303
1	52	0.0192307692	3	98	0.0306122449
1	51	0.0196078431	2	65	0.0307692308
1	50	0.0200000000	3	97	0.0309278351
2	99	0.0202020202	1	32	0.0312500000
1	49	0.0204081633	3	95	0.0315789474
2	97	0.0206185567	2	63	0.0317460317
1	48	0.0208333333	3	94	0.0319148936
2	95	0.0210526316	1	31	0.0322580645
1	47	0.0212765957	3	92	0.0326086957
2	93	0.0215053763	2	61	0.0327868852
1	46	0.0217391304	3	91	0.0329670330
2	91	0.0219780220	1	30	0.0333333333
1	45	0.2222222222	3	89	0.0337078652
2	89	0.0224719101	2	59	0.0338983051
1	44	0.0227272727	3	88	0.0340909091
2	87	0.0229885057	1	29	0.0344827586
1	43	0.0232558140	3	86	0.0348837209
2	85	0.0235294118	2	57	0.0350877193
1	42	0.0238095238	3	85	0.0352941176
2	83	0.0240963855	1	28	0.0357142857
1	41	0.0243902439	3	83	0.0361445783
2	81	0.0246913580	2	55	0.0363636364
1	40	0 0250000000	3	82	0.0365853659
2	79	0.0253164557	1	27	0.0370370370
1	39	0.0256410256	3	80	0.0375000000
2	77	0.0259740260	2	53	0.0377358491
1	38	0.0263157895	3	79	0.0379746835
2	75	0.0266666667	1	26	0.0384615385
1	37	0.0270270270	3	77	0.0389610390

N.	D.	Fraction décimale.
3	77	0.0389610390
2	51	0.0392156863
3	76	0.0394736842
1	25	0.0400000000
4	99	0.0404040404
3	74	0.0405405405
2	49	0.0408163265
3	73	0.0410958904
4	97	0.0412371134
1	24	0.0416666667
4	95	0.0421052632
3	71	0.0422535211
2	47	0.0425531915
3	70	0.0428571429
4	93	0.0430107527
1	23	0.0434782609
4	91	0.0439560440
3	68	0.0441176471
2	45	0.0444444444
3	67	0.0447761194
4	89	0.0449438202
1	22	0.0454545455
4	87	0.0459770115
3	65	0.0461538462
2	43	0.0465116279
3	64	0.0468750000
4	85	0.0470588235
1	21	0.0476190476
4	83	0.0481927711
3	62	0.0483870968
2	41	0.0487804878
3	61	0.0491803279
4	81	0.0493827160
1	20	0.0500000000
5	99	0.0505050505
4	79	0.0506329114
3	59	0.0508474576
5	98	0.0510204082
2	39	0.0512820513

N.	D.	Fraction décimale.
2	39	0.0512820513
5	97	0.0515463918
3	58	0.0517241379
4	77	0.0519480519
5	96	0.0520833333
1	19	0.0526315789
5	94	0.0531914894
4	75	0.0533333333
3	56	0.0535714286
5	93	0.0537634409
2	37	0.0540540541
5	92	0.0543478261
3	55	0.0545454545
4	73	0.0547945205
5	91	0.0549450549
1	18	0.0555555556
5	89	0.0561797753
4	71	0.0563380282
3	53	0.0566037736
5	88	0.0568181818
2	35	0.0571428571
5	87	0.0574712644
3	52	0.0576923077
4	69	0.0579710145
5	86	0.0581395349
1	17	0.0588235294
5	84	0.0595238095
4	67	0.0597014925
3	50	0.0600000000
5	83	0.0602409639
2	33	0.0606060606
5	82	0.0609756098
3	49	0.0612244898
4	65	0.0615384615
5	81	0.0617283951
6	97	0.0618556701
1	16	0.0625000000
6	95	0.0631578947
5	79	0.0632911392

N.	D.	Fraction décimale.	N.	D.	Fraction décimale.
5	79	0.0632911392	4	53	0.0754716981
4	63	0.0634920635	5	66	0.0757575758
3	47	0.0638297872	6	79	0.0759493671
5	78	0.0641025641	7	92	0.0760869565
2	31	0.0645161290	1	13	0.0769230769
5	77	0.0649350649	7	90	0.0777777778
3	46	0.0652173913	6	77	0.0779220779
4	61	0.0655737705	5	64	0.0781250000
5	76	0.0657894737	4	51	0.0784313725
6	91	0.0659340659	7	89	0.0786516854
1	15	0.0666666667	3	38	0.0789473684
6	89	0.0674157303	5	63	0.0793650794
5	74	0.0675675676	7	88	0.0795454545
4	59	0.0677966102	2	25	0.0800000000
3	44	0.0681818182	7	87	0.0804597701
5	73	0.0684931507	5	62	0.0806451613
2	29	0.0689655172	8	99	0.0808080808
5	72	0.0694444444	3	37	0.0810810811
3	43	0.0697674419	7	86	0.0813953488
7	100	0.0700000000	4	49	0.0816326531
4	57	0.0701754386	5	61	0.0819672131
5	71	0.0704225352	6	73	0.0821917808
6	85	0.0705882353	7	85	0.0823529412
7	99	0.0707070707	8	97	0.0824742268
1	14	0.0714285714	1	12	0.0833333333
7	97	0.0721649485	8	95	0.0842105263
6	83	0.0722891566	7	83	0.0843373494
5	69	0.0724637681	6	71	0.0845070423
4	55	0.0727272727	5	59	0.0847457627
7	96	0.0729166667	4	47	0.0851063830
3	41	0.0731707317	7	82	0.0853658537
5	68	0.0735294118	3	35	0.0857142857
7	95	0.0736842105	8	93	0.0860215054
2	27	0.0740740741	5	58	0.0862068966
7	94	0.0744680851	7	81	0.0864197531
5	67	0.0746268657	2	23	0.0869565217
3	40	0.0750000000	7	80	0.0875000000
7	93	0.0752688172	5	57	0.0877192982
4	53	0.0754716981	8	91	0.0879120879

N.	D.	Fraction décimale.	N.	D.	Fraction décimale.
8	91	0.0879120879	10	99	0.1010101010
3	34	0.0882352941	9	89	0.1011235955
7	79	0.0886075949	8	79	0.1012658228
4	45	0.0888888889	7	69	0.1014492754
5	56	0.0892857143	6	59	0.1016949153
6	67	0.0895522388	5	49	0.1020408163
7	78	0.0897435897	9	88	0.1022727273
8	89	0.0898876404	4	39	0.1025641026
9	100	0.0900000000	7	68	0.1029411765
1	11	0.0909090909	10	97	0.1030927835
9	98	0.0918367347	3	29	0.1034482759
8	87	0.0919540230	8	77	0.1038961039
7	76	0.0921052632	5	48	0.1041666667
6	65	0.0923076923	7	67	0.1044776119
5	54	0.0925925926	9	86	0.1046511628
9	97	0.0927835052	2	19	0.1052631579
4	43	0.0930232558	9	85	0.1058823529
7	75	0.0933333333	7	66	0.1060606061
3	32	0.0937500000	5	47	0.1063829787
8	85	0.0941176471	8	75	0.1066666667
5	53	0.0943396226	3	28	0.1071428571
7	74	0.0945945946	10	93	0.1075268817
9	95	0.0947368421	7	65	0.1076923077
2	21	0.0952380952	4	37	0.1081081081
9	94	0.0957446809	9	83	0.1084337349
7	73	0.0958904110	5	46	0.1086956522
5	52	0.0961538462	6	55	0.1090909091
8	83	0.0963855422	7	64	0.1093750000
3	31	0.0967741935	8	73	0.1095890411
7	72	0.0972222222	9	82	0.1097560976
4	41	0.0975609756	10	91	0.1098901099
9	92	0.0978260870	11	100	0.1100000000
5	51	0.0980392157	1	9	0.1111111111
6	61	0.0983606557	11	98	0.1122448980
7	71	0.0985915493	10	89	0.1123595506
8	81	0.0987654321	9	80	0.1125000000
9	91	0.0989010989	8	71	0.1126760563
1	10	0.1000000000	7	62	0.1129032258
10	99	0.1010101010	6	53	0.1132075472

N.	D.	Fraction décimale.	N.	D.	Fraction décimale.
6	53	0.1132075472	12	95	0.1263157895
11	97	0.1134020619	11	87	0.1264367816
5	44	0.1136363636	10	79	0.1265822785
9	79	0.1139240506	9	71	0.1267605634
4	35	0.1142857143	8	63	0.1269841270
11	96	0.1145833333	7	55	0.1272727273
7	61	0.1147540984	6	47	0.1276595745
10	87	0.1149425287	11	86	0.1279069767
3	26	0.1153846154	5	39	0.1282051282
11	95	0.1157894737	9	70	0.1285714286
8	69	0.1159420290	4	31	0.1290322581
5	43	0.1162790698	11	85	0.1294117647
7	60	0.1166666667	7	54	0.1296296296
9	77	0.1168831169	10	77	0.1298701299
11	94	0.1170212766	13	100	0.1300000000
2	17	0.1176470588	3	23	0.1304347826
11	93	0.1182795699	11	84	0.1309523810
9	76	0.1184210526	8	61	0.1311475410
7	59	0.1186440678	13	99	0.1313131313
5	42	0.1190476190	5	38	0.1315789474
8	67	0.1194029851	12	91	0.1318681319
11	92	0.1195652174	7	53	0.1320754717
3	25	0.1200000000	9	68	0.1323529412
10	83	0.1204819277	11	83	0.1325301205
7	58	0.1206896552	13	98	0.1326530612
11	91	0.1208791209	2	15	0.1333333333
4	33	0.1212121212	13	97	0.1340206186
9	74	0.1216216216	11	82	0.1341463415
5	41	0.1219512195	9	67	0.1343283582
11	90	0.1222222222	7	52	0.1346153846
6	49	0.1224489796	12	89	0.1348314607
7	57	0.1228070175	5	37	0.1351351351
8	65	0.1230769231	13	96	0.1354166667
9	73	0.1232876712	8	59	0.1355932203
10	81	0.1234567901	11	81	0.1358024691
11	89	0.1235955056	3	22	0.1363636364
12	97	0.1237113402	13	95	0.1368421053
1	8	0.1250000000	10	73	0.1369863014
12	95	0.1263157895	7	51	0.1372549020

N.	D.	Fraction décimale.	N.	D.	Fraction décimale.
7	51	0.1372549020	3	20	0.1500000000
11	80	0.1375000000	14	93	0.1505376344
4	29	0.1379310345	11	73	0.1506849315
13	94	0.1382978723	8	53	0.1509433962
9	65	0.1384615385	13	86	0.1511627907
5	36	0.1388888889	5	33	0.1515151515
11	79	0.1392405063	12	79	0.1518987342
6	43	0.1395348837	7	46	0.1521739130
13	93	0.1397849462	9	59	0.1525423729
7	50	0.1400000000	11	72	0.1527777778
8	57	0.1403508772	13	85	0.1529411765
9	64	0.1406250000	15	98	0.1530612245
10	71	0.1408450704	2	13	0.1538461538
11	78	0.1410256410	15	97	0.1546391753
12	85	0.1411764706	13	84	0.1547619048
13	92	0.1413043478	11	71	0.1549295775
14	99	0.1414141414	9	58	0.1551724138
1	7	0.1428571429	7	45	0.1555555556
14	97	0.1443298969	12	77	0.1558441558
13	90	0.1444444444	5	32	0.1562500000
12	83	0.1445783133	13	83	0.1566265060
11	76	0.1447368421	8	51	0.1568627451
10	69	0.1449275362	11	70	0.1571428571
9	62	0.1451612903	14	89	0.1573033708
8	55	0.1454545455	3	19	0.1578947368
7	48	0.1458333333	13	82	0.1585365854
13	89	0.1460674157	10	63	0.1587301587
6	41	0.1463414634	7	44	0.1590909091
11	75	0.1466666667	11	69	0.1594202899
5	34	0.1470588235	15	94	0.1595744681
14	95	0.1473684211	4	25	0.1600000000
9	61	0.1475409836	13	81	0.1604938272
13	88	0.1477272727	9	56	0.1607142857
4	27	0.1481481481	14	87	0.1609195402
11	74	0.1486486486	5	31	0.1612903226
7	47	0.1489361702	16	99	0.1616161616
10	67	0.1492537313	11	68	0.1617647059
13	87	0.1494252874	6	37	0.1621621622
3	20	0.1500000000	13	80	0.1625000000

N.	D.	Fraction décimale.	N.	D.	Fraction décimale.
13	80	0.1625000000	7	40	0.1750000000
7	43	0.1627906977	17	97	0.1752577320
15	92	0.1630434783	10	57	0.1754385965
8	49	0.1632653061	13	74	0.1756756757
9	55	0.1636363636	16	91	0.1758241758
10	61	0.1639344262	3	17	0.1764705882
11	67	0.1641791045	17	96	0.1770833333
12	73	0.1643835616	14	79	0.1772151899
13	79	0.1645569620	11	62	0.1774193548
14	85	0.1647058824	8	45	0.1777777778
15	91	0.1648351648	13	73	0.1780821918
16	97	0.1649484536	5	28	0.1785714286
1	6	0.1666666667	17	95	0.1789473684
16	95	0.1684210526	12	67	0.1791044776
15	89	0.1685393258	7	39	0.1794871795
14	83	0.1686746988	16	89	0.1797752809
13	77	0.1688311688	9	50	0.1800000000
12	71	0.1690140845	11	61	0.1803278689
11	65	0.1692307692	13	72	0.1805555556
10	59	0.1694915254	15	83	0.1807228916
9	53	0.1698113208	17	94	0.1808510638
17	100	0.1700000000	2	11	0.1818181818
8	47	0.1702127660	17	93	0.1827956989
15	88	0.1704545455	15	82	0.1829268293
7	41	0.1707317073	13	71	0.1830985915
13	76	0.1710526316	11	60	0.1833333333
6	35	0.1714285714	9	49	0.1836734694
17	99	0.1717171717	16	87	0.1839080460
11	64	0.1718750000	7	38	0.1842105263
16	93	0.1720430108	12	65	0.1846153846
5	29	0.1724137931	17	92	0.1847826087
14	81	0.1728395062	5	27	0.1851851852
9	52	0.1730769231	18	97	0.1855670103
13	75	0.1733333333	13	70	0.1857142857
17	98	0.1734693878	8	43	0.1860465116
4	23	0.1739130435	11	59	0.1864406780
15	86	0.1744186047	14	75	0.1866666667
11	63	0.1746031746	17	91	0.1868131868
7	40	0.1750000000	3	16	0.1875000000

N.	D.	Fraction décimale.
3	16	0.1875000000
16	85	0.1882352941
13	69	0.1884057971
10	53	0.1886792453
17	90	0.1888888889
7	37	0.1891891892
18	95	0.1894736842
11	58	0.1896551724
15	79	0.1898734177
19	100	0.1900000000
4	21	0.1904761905
17	89	0.1910112360
13	68	0.1911764706
9	47	0.1914893617
14	73	0.1917808219
19	99	0.1919191919
5	26	0.1923076923
16	83	0.1927710843
11	57	0.1929824561
17	88	0.1931818182
6	31	0.1935483871
19	98	0.1938775510
13	67	0.1940298507
7	36	0.1944444444
15	77	0.1948051948
8	41	0.1951219512
17	87	0.1954022989
9	46	0.1956521739
19	97	0.1958762887
10	51	0.1960784314
11	56	0.1964285714
12	61	0.1967213115
13	66	0.1969696970
14	71	0.1971830986
15	76	0.1973684211
16	81	0.1975308642
17	86	0.1976744186
18	91	0.1978021978
19	96	0.1979166667

N.	D.	Fraction décimale.
19	96	0.1979166667
1	5	0.2000000000
20	99	0.2020202020
19	94	0.2021276596
18	89	0.2022471910
17	84	0.2023809524
16	79	0.2025316456
15	74	0.2027027027
14	69	0.2028985507
13	64	0.2031250000
12	59	0.2033898305
11	54	0.2037037037
10	49	0.2040816327
19	93	0.2043010753
9	44	0.2045454545
17	83	0.2048192771
8	39	0.2051282051
15	73	0.2054794521
7	34	0.2058823529
20	97	0.2061855670
13	63	0.2063492063
19	92	0.2065217391
6	29	0.2068965517
17	82	0.2073170732
11	53	0.2075471698
16	77	0.2077922078
5	24	0.2083333333
19	91	0.2087912088
14	67	0.2089552239
9	43	0.2093023256
13	62	0.2096774194
17	81	0.2098765432
21	100	0.2100000000
4	19	0.2105263158
19	90	0.2111111111
15	71	0.2112676056
11	52	0.2115384615
18	85	0.2117647059
7	33	0.2121212121

N.	D.	Fraction décimale.
7	33	0.2121212121
17	80	0.2125000000
10	47	0.2127659574
13	61	0.2131147541
16	75	0.2133333333
19	89	0.2134831461
3	14	0;2142857143
20	93	0.2150537634
17	79	0.2151898734
14	65	0.2153846154
11	51	0.2156862745
19	88	0 2159090909
8	37	0.2162162162
21	97	0.2164948454
13	60	0.2166666667
18	83	0.2168674699
5	23	0.2173913043
17	78	0.2179487179
12	55	0.2181818182
19	87	0.2183908046
7	32	0.2187500000
16	73	0.2191780822
9	41	0.2195121951
20	91	0.2197802198
11	50	0.2200000000
13	59	0.2203389831
15	68	0.2205882353
17	77	0.2207792208
19	86	0.2209302326
21	95	0.2210526316
2	9	0.2222222222
21	94	0.2234042553
19	85	0.2235294118
17	76	0.2236842105
15	67	0.2238805970
13	58	0.2241379310
11	49	0.2244897959
20	89	0.2247191011
9	40	0.2250000000

N.	D.	Fraction décimale.
9	40	0.2250000000
16	71	0.2253521127
7	31	0.2258064516
19	84	0.2261904762
12	53	0.2264150943
17	75	0.2266666667
22	97	0.2268041237
5	22	0.2272727273
18	79	0.2278481013
13	57	0.2280701754
21	92	0.2282608696
8	35	0.2285714286
19	83	0.2289156627
11	48	0.2291666667
14	61	0.2295081967
17	74	0.2297297297
20	87	0.2298850575
23	100	0.2300000000
3	13	0.2307692308
22	95	0.2315789474
19	82	0.2317073171
16	69	0.2318840580
13	56	0.2321428571
23	99	0.2323232323
10	43	0.2325581395
17	73	0.2328767123
7	30	0.2333333333
18	77	0.2337662338
11	47	0.2340425532
15	64	0.2343750000
19	81	0.2345679012
23	98	0.2346938776
4	17	0.2352941176
21	89	9.2359550562
17	72	0.2361111111
13	55	0.2363636364
22	93	0.2365591398
9	38	0.2368421053
23	97	0.2371134021

N.	D.	Fraction décimale.	N.	D.	Fraction décimale.
23	97	0.2371134021	1	4	0.2500000000
14	59	0.2372881356	25	99	0.2525252525
19	80	0.2375000000	24	95	0.2526315789
5	21	0.2380952381	23	91	0.2527472527
21	88	0.2386363636	22	87	0.2528735632
16	67	0.2388059701	21	83	0.2530120482
11	46	0.2391304348	20	79	0.2531645570
17	71	0.2394366197	19	75	0.2533333333
23	96	0.2395833333	18	71	0.2535211268
6	25	0.2400000000	17	67	0.2537313433
19	79	0.2405063291	16	63	0.2539682540
13	54	0.2407407407	15	59	0.2542372881
20	83	0.2409638554	14	55	0.2545454545
7	29	0.2413793103	13	51	0.2549019608
22	91	0.2417582418	25	98	0.2551020408
15	62	0.2419354839	12	47	0.2553191489
23	95	0.2421052632	23	90	0.2555555556
8	33	0.2424242424	11	43	0.2558139535
17	70	0.2428571429	21	82	0.2560975610
9	37	0.2432432432	10	39	0.2564102564
19	78	0.2435897436	19	74	0.2567567568
10	41	0.2439024390	9	35	0.2571428571
21	86	0.2441860465	17	66	0.2575757576
11	45	0.2444444444	25	97	0.2577319588
23	94	0.2446808511	8	31	0.2580645161
12	49	0.2448979592	23	89	0.2584269663
13	53	0.2452830189	15	58	0.2586206897
14	57	0.2456140351	22	85	0.2588235294
15	61	0.2459016393	7	27	0.2592592593
16	65	0.2461538462	20	77	0.2597402597
17	69	0.2463768116	13	50	0.2600000000
18	73	0.2465753425	19	73	0.2602739726
19	77	0.2467532468	25	96	0.2604166667
20	81	0.2469135802	6	23	0.2608695652
21	85	0.2470588235	23	88	0.2613636364
22	89	0.2471910112	17	65	0.2615384615
23	93	0.2473118280	11	42	0.2619047619
24	97	0.2474226804	16	61	0.2622950820
1	4	0.2500000000	21	80	0.2625000000

N.	D.	Fraction décimale.	N.	D.	Fraction décimale.
21	80	0.2625000000	25	91	0.2747252747
26	99	0.2626262626	11	40	0.2750000000
5	19	0.2631578947	19	69	0.2753623188
24	91	0.2637362637	27	98	0.2755102041
19	72	0.2638888889	8	29	0.2758620690
14	53	0.2641509434	21	76	0.2763157895
23	87	0.2643678161	13	47	0.2765957447
9	34	0.2647058824	18	65	0.2769230769
22	83	0.2650602410	23	83	0.2771084337
13	49	0.2653061224	5	18	0.2777777778
17	64	0.2656250000	27	97	0.2783505155
21	79	0.2658227848	22	79	0.2784810127
25	94	0.2659574468	17	61	0.2786885246
4	15	0.2666666667	12	43	0.2790697674
23	86	0.2674418605	19	68	0.2794117647
19	71	0.2676056338	26	93	0.2795698925
15	56	0.2678571429	7	25	0.2800000000
26	97	0.2680412371	23	82	0.2804878049
11	41	0.2682926829	16	57	0.2807017544
18	67	0.2686567164	25	89	0.2808988764
25	93	0.2688172043	9	32	0.2812500000
7	26	0.2692307692	20	71	0.2816901408
24	89	0.2696629213	11	39	0.2820512821
17	63	0.2698412698	24	85	0.2823529412
27	100	0.2700000000	13	46	0.2826086957
10	37	0.2702702703	28	99	0.2828282828
23	85	0.2705882353	15	53	0.2830188679
13	48	0.2708333333	17	60	0.2833333333
16	59	0.2711864407	19	67	0.2835820896
19	70	0.2714285714	21	74	0.2837837838
22	81	0.2716049383	23	81	0.2839506173
25	92	0.2717391304	25	88	0.2840909091
3	11	0.2727272727	27	95	0.2842105263
26	95	0.2736842105	2	7	0.2857142857
23	84	0.2738095238	27	94	0.2872340426
20	73	0.2739726027	25	87	0.2873563218
17	62	0.2741935484	23	80	0.2875000000
14	51	0.2745098039	21	73	0.2876712329
25	91	0.2747252747	19	66	0.2878787879

N.	D.	Fraction décimale.	N.	D.	Fraction décimale.
19	66	0.2878787879	29	97	0.2989690722
17	59	0.2881355932	3	10	0.3000000000
15	52	0.2884615385	28	93	0.3010752688
28	97	0.2886597938	25	83	0.3012048193
13	45	0.2888888889	22	73	0.3013698630
24	83	0.2891566265	19	63	0.3015873016
11	38	0.2894736842	16	53	0.3018867925
20	69	0.2898550725	29	96	0.3020833333
29	100	0.2900000000	13	43	0.3023255814
9	31	0.2903225806	23	76	0.3026315789
25	86	0.2906976744	10	33	0.3030303030
16	55	0.2909090909	27	89	0.3033707865
23	79	0.2911392405	17	56	0.3035714286
7	24	0.2916666667	24	79	0.3037974684
26	89	0.2921348315	7	23	0.3043478261
19	65	0.2923076923	25	82	0.3048780488
12	41	0.2926829268	18	59	0.3050847458
29	99	0.2929292929	29	95	0.3052631579
17	58	0.2931034483	11	36	0.3055555556
22	75	0.2933333333	26	85	0.3058823529
27	92	0.2934782609	15	49	0.3061224490
5	17	0.2941176471	19	62	0.3064516129
28	95	0.2947368421	23	75	0.3066666667
23	78	0.2948717949	27	88	0.3068181818
18	61	0.2950819672	4	13	0.3076923077
13	44	0.2954545455	29	94	0.3085106383
21	71	0.2957746479	25	81	0.3086419753
29	98	0.2959183673	21	68	0.3088235294
8	27	0.2962962963	17	55	0.3090909091
27	91	0.2967032967	30	97	0.3092783505
19	64	0.2968750000	13	42	0.3095238095
11	37	0.2972972973	22	71	0.3098591549
25	84	0.2976190476	31	100	0.3100000000
14	47	0.2978723404	9	29	0.3103448276
17	57	0.2982456140	23	74	0.3108108108
20	67	0.2985074627	14	45	0.3111111111
23	77	0.2987012987	19	61	0.3114754098
26	87	0.2988505747	24	77	0.3116883117
29	97	0.2989690722	29	93	0.3118279570

N.	D.	Fraction décimale.	N.	D.	Fraction décimale.
29	93	0.3118279570	23	71	0.3239436620
5	16	0.3125000000	12	37	0.3243243243
31	99	0.3131313131	25	77	0.3246753247
26	83	0.3132530120	13	40	0.3250000000
21	67	0.3134328358	27	83	0.3253012048
16	51	0.3137254902	14	43	0.3255813953
27	86	0.3139534884	29	89	0.3258426966
11	35	0.3142857143	15	46	0.3260869565
28	89	0.3146067416	31	95	0.3263157895
17	54	0.3148148148	16	49	0.3265306122
23	73	0.3150684932	17	52	0.3269230769
29	92	0.3152173913	18	55	0.3272727273
6	19	0.3157894737	19	58	0.3275862069
31	98	0.3163265306	20	61	0.3278688525
25	79	0.3164556962	21	64	0.3281250000
19	60	0.3166666667	22	67	0.3283582090
13	41	0.3170731707	23	70	0.3285714286
20	63	0.3174603175	24	73	0.3287671233
27	85	0.3176470588	25	76	0.3289473684
7	22	0.3181818182	26	79	0.3291139241
29	91	0.3186813187	27	82	0.3292682927
22	69	0.3188405797	28	85	0.3294117647
15	47	0.3191489362	29	88	0.3295454545
23	72	0.3194444444	30	91	0.3296703297
31	97	0.3195876289	31	94	0.3297872340
8	25	0 3200000000	32	97	0.3298969072
25	78	0.3205128205	33	100	0.3300000000
17	53	0.3207547170	1	3	0.3333333333
26	81	0.3209876543	33	98	0.3367346939
9	28	0.3214285714	32	95	0.3368421053
28	87	0.3218390805	31	92	0.3369565217
19	59	0.3220338983	30	89	0.3370786517
29	90	0.3222222222	29	86	0.3372093023
10	31	0.3225806452	28	83	0.3373493976
31	96	0.3229166667	27	80	0.3375000000
21	65	0.3230769231	26	77	0.3376623377
32	99	0.3232323232	25	74	0.3378378378
11	34	0.3235294118	24	71	0.3380281690
23	71	0.3239436620	23	68	0.3382352941

N.	D.	Fraction décimale.	N.	D.	Fraction décimale.
23	68	0.3382352941	7	20	0.3500000000
22	65	0.3384615385	34	97	0.3505154639
21	62	0.3387096774	27	77	0.3506493506
20	59	0.3389830508	20	57	0.3508771930
19	56	0.3392857143	33	94	0.3510638298
18	53	0.3396226415	13	37	0.3513513514
17	50	0.3400000000	32	91	0.3516483516
33	97	0.3402061856	19	54	0.3518518519
16	47	0.3404255319	25	71	0.3521126761
31	91	0.3406593407	31	88	0.3522727273
15	44	0.3409090909	6	17	0.3529411765
29	85	0.3411764706	35	99	0.3535353535
14	41	0.3414634146	29	82	0.3536585366
27	79	0.3417721519	23	65	0.3538461538
13	38	0.3421052632	17	48	0.3541666667
25	73	0.3424657534	28	79	0.3544303797
12	35	0.3428571429	11	31	0.3548387097
23	67	0.3432835821	27	76	0.3552631579
34	99	0.3434343434	16	45	0.3555555556
11	32	0.3437500000	21	59	0.3559322034
32	93	0.3440860215	26	73	0.3561643836
21	61	0.3442622951	31	87	0.3563218391
31	90	0.3444444444	5	14	0.3571428571
10	29	0.3448275862	34	95	0.3578947368
29	84	0.3452380952	29	81	0.3580246914
19	55	0.3454545455	24	67	0.3582089552
28	81	0.3456790123	19	53	0.3584905660
9	26	0.3461538462	33	92	0.3586956522
26	75	0.3466666667	14	39	0.3589743590
17	49	0.3469387755	23	64	0.3593750000
25	72	0.3472222222	32	89	0.3595505618
33	95	0.3473684211	9	25	0.3600000000
8	23	0.3478260870	31	86	0.3604651163
31	89	0.3483146067	22	61	0.3606557377
23	66	0.3484848485	35	97	0.3608247423
15	43	0.3488372093	13	36	0.3611111111
22	63	0.3492063492	30	83	0.3614457831
29	83	0.3493975904	17	47	0.3617021277
7	20	0.3500000000	21	58	0.3620689655

N.	D.	Fraction décimale.	N.	D.	Fraction décimale.
21	58	0.3620689655	37	99	0.3737373737
25	69	0.3623188406	3	8	0.3750000000
29	80	0.3625000000	35	93	0.3763440860
33	91	0.3626373626	32	85	0.3764705882
4	11	0.3636363636	29	77	0.3766233766
35	96	0.3645833333	26	69	0.3768115942
31	85	0.3647058824	23	61	0.3770491803
27	74	0.3648648649	20	53	0.3773584906
23	63	0.3650793651	37	98	0.3775510204
19	52	0.3653846154	17	45	0.3777777778
34	93	0.3655913978	31	82	0.3780487805
15	41	0.3658536585	14	37	0.3783783784
26	71	0.3661971831	25	66	0.3787878788
11	30	0.3666666667	36	95	0.3789473684
29	79	0.3670886076	11	29	0.3793103448
18	49	0.3673469388	30	79	0.3797468354
25	68	0.3676470588	19	50	0.3800000000
32	87	0.3678160920	27	71	0.3802816901
7	19	0.3684210526	35	92	0.3804347826
31	84	0.3690476190	8	21	0.3809523810
24	65	0.3692307692	37	97	0.3814432990
17	46	0.3695652174	29	76	0.3815789474
27	73	0.3698630137	21	55	0.3818181818
37	100	0.3700000000	34	89	0.3820224719
10	27	0.3703703704	13	34	0.3823529412
33	89	0.3707865169	31	81	0.3827160494
23	62	0.3709677419	18	47	0.3829787234
36	97	0.3711340206	23	60	0.3833333333
13	35	0.3714285714	28	73	0.3835616438
29	78	0.3717948718	33	86	0.3837209302
16	43	0.3720930233	38	99	0.3838383838
35	94	0.3723404255	5	13	0.3846153846
19	51	0.3725490196	37	96	0.3854166667
22	59	0.3728813559	32	83	0.3855421687
25	67	0.3731343284	27	70	0.3857142857
28	75	0.3733333333	22	57	0.3859649123
31	83	0.3734939759	17	44	0.3863636364
34	91	0.3736263736	29	75	0.3866666667
37	99	0.3737373737	12	31	0.3870967742

N.	D.	Fraction décimale.	N.	D.	Fraction décimale.
12	31	0.3870967742	39	98	0.3979591837
31	80	0.3875000000	2	5	0.4000000000
19	49	0.3877551020	39	97	0.4020618557
26	67	0.3880597015	37	92	0.4021739130
33	85	0.3882352941	35	87	0.4022988506
7	18	0.3888888889	33	82	0.4024390244
37	95	0.3894736842	31	77	0.4025974026
30	77	0.3896103896	29	72	0.4027777778
23	59	0.3898305085	27	67	0.4029850746
39	100	0.3900000000	25	62	0.4032258065
16	41	0.3902439024	23	57	0.4035087719
25	64	0.3906250000	21	52	0.4038461538
34	87	0.3908045977	40	99	0.4040404040
9	23	0.3913043478	19	47	0.4042553191
38	97	0.3917525773	36	89	0.4044943820
29	74	0.3918918919	17	42	0.4047619048
20	51	0.3921568627	32	79	0.4050632911
31	79	0.3924050633	15	37	0.4054054054
11	28	0.3928571429	28	69	0.4057971014
35	89	0.3932584270	13	32	0.4062500000
24	61	0.3934426230	37	91	0.4065934066
37	94	0.3936170213	24	59	0.4067796610
13	33	0.3939393939	35	86	0.4069767442
28	71	0.3943661972	11	27	0.4074074074
15	38	0.3947368421	31	76	0.4078947368
32	81	0.3950617284	20	49	0.4081632653
17	43	0.3953488372	29	71	0.4084507042
36	91	0.3956043956	38	93	0.4086021505
19	48	0.3958333333	9	22	0.4090909091
21	53	0.3962264151	34	83	0.4096385542
23	58	0.3965517241	25	61	0.4098360656
25	63	0.3968253968	41	100	0.4100000000
27	68	0.3970588235	16	39	0.4102564103
29	73	0.3972602740	39	95	0.4105263158
31	78	0.3974358974	23	56	0.4107142857
33	83	0.3975903614	30	73	0.4109589041
35	88	0.3977272727	37	90	0.4111111111
37	93	0.3978494624	7	17	0.4117647059
39	98	0.3979591837	40	97	0.4123711340

N.	D.	Fraction décimale.
40	97	0.4123711340
33	80	0.4125000000
26	63	0.4126984127
19	46	0.4130434783
31	75	0.4133333333
12	29	0.4137931034
41	99	0.4141414141
29	70	0.4142857143
17	41	0.4146341463
39	94	0.4148936170
22	53	0.4150943396
27	65	0.4153846154
32	77	0.4155844156
37	89	0.4157303371
5	12	0.4166666667
38	91	0.4175824176
33	79	0.4177215190
28	67	0.4179104478
23	55	0.4181818182
41	98	0.4183673469
18	43	0.4186046512
31	74	0.4189189189
13	31	0.4193548387
34	81	0.4197530864
21	50	0.4200000000
29	69	0.4202898551
37	88	0.4204545455
8	19	0.4210526316
35	83	0.4216867470
27	64	0.4218750000
19	45	0.4222222222
30	71	0.4225352113
41	97	0.4226804124
11	26	0.4230769231
36	85	0.4235294118
25	59	0.4237288136
39	92	0.4239130435
14	33	0.4242424242
31	73	0.4246575342

N.	D.	Fraction décimale.
31	73	0.4246575342
17	40	0.4250000000
37	87	0.4252873563
20	47	0.4255319149
23	54	0.4259259259
26	61	0.4262295082
29	68	0.4264705882
32	75	0.4266666667
35	82	0.4268292683
38	89	0.4269662921
41	96	0.4270833336
3	7	0.4285714286
43	100	0.4300000000
40	93	0.4301075269
37	86	0.4302325581
34	79	0.4303797468
31	72	0.4305555556
28	65	0.4307692308
25	58	0.4310344828
22	51	0.4313725490
41	95	0.4315789474
19	44	0.4318181818
35	81	0.4320987654
16	37	0.4324324324
29	67	0.4328358209
42	97	0.4329896907
13	30	0.4333333333
36	83	0.4337349398
23	53	0.4339622642
33	76	0.4342105263
43	99	0.4343434343
10	23	0.4347826087
37	85	0.4352941176
27	62	0.4354838710
17	39	0.4358974359
41	94	0.4361702128
24	55	0.4363636364
31	71	0.4366197183
38	87	0.4367816092

N.	D.	Fraction décimale.	N.	D.	Fraction décimale.
38	87	0.4367816092	40	89	0.4494382022
7	16	0.4375000000	9	20	0.4500000000
39	89	0.4382022472	41	91	0.4505494505
32	73	0.4383561644	32	71	0.4507042254
25	57	0.4385964912	23	51	0.4509803922
43	98	0.4387755102	37	82	0.4512195122
18	41	0.4390243902	14	31	0.4516129032
29	66	0.4393939394	33	73	0.4520547945
40	91	0.4395604396	19	42	0.4523809524
11	25	0.4400000000	43	95	0.4526315789
37	84	0.4404761905	24	53	0.4528301887
26	59	0.4406779661	29	64	0.4531250000
41	93	0.4408602151	34	75	0.4533333333
15	34	0.4411764706	39	86	0.4534883721
34	77	0.4415584416	44	97	0.4536082474
19	43	0.4418604651	5	11	0.4545454545
42	95	0.4421052632	41	90	0.4555555556
23	52	0.4423076923	36	79	0.4556962025
27	61	0.4426229508	31	68	0.4558823529
31	70	0.4428571429	26	57	0.4561403509
35	79	0.4430379747	21	46	0.4565217391
39	88	0.4431818182	37	81	0.4567901235
43	97	0.4432989691	16	35	0.4571428571
4	9	0.4444444444	43	94	0.4574468085
41	92	0.4456521739	27	59	0.4576271186
37	83	0.4457831325	38	83	0.4578313253
33	74	0.4459459459	11	24	0.4583333333
29	65	0.4461538462	39	85	0.4588235294
25	56	0.4464285714	28	61	0·4590163934
21	47	0.4468085106	45	98	0.4591836735
38	85	0.4470588235	17	37	0.4594594595
17	38	0.4473684211	40	87	0.4597701149
30	67	0.4477611940	23	50	0.4600000000
43	96	0.4479166667	29	63	0.4603174603
13	29	0.4482758621	35	76	0.4605263158
35	78	0.4487179487	41	89	0.4606741573
22	49	0.4489795918	6	13	0.4615384615
31	69	0.4492753623	43	93	0.4623655914
40	89	0.4494382022	37	80	0.4625000000

N.	D.	Fraction décimale.	N.	D.	Fraction décimale.
37	80	0.4625000000	37	78	0.4743589744
31	67	0.4626865672	28	59	0.4745762712
25	54	0.4629629630	47	99	0.4747474747
44	95	0.4631578947	19	40	0.4750000000
19	41	0.4634146341	29	61	0.4754098361
32	69	0.4637681159	39	82	0.4756097561
45	97	0.4639175258	10	21	0.4761904762
13	28	0.4642857143	41	86	0.4767441860
46	99	0.4646464646	31	65	0.4769230769
33	71	0.4647887324	21	44	0.4772727273
20	43	0.4651162791	32	67	0.4776119403
27	58	0.4655172414	43	90	0.4777777778
34	73	0.4657534247	11	23	0.4782608696
41	88	0.4659090909	45	94	0.4787234043
7	15	0.4666666667	34	71	0.4788732394
43	92	0.4673913043	23	48	0.4791666667
36	77	0.4675324675	35	73	0.4794520548
29	62	0.4677419355	47	98	0.4795918367
22	47	0.4680851064	12	25	0.4800000000
37	79	0.4683544304	37	77	0.4805194805
15	32	0.4687500000	25	52	0.4807692308
38	81	0.4691358025	38	79	0.4810126582
23	49	0.4693877551	13	27	0.4814814815
31	66	0.4696969697	40	83	0.4819277108
39	83	0.4698795181	27	56	0.4821428571
47	100	0.4700000000	41	85	0.4823529412
8	17	0.4705882353	14	29	0.4827586207
41	87	0.4712643678	43	89	0.4831460674
33	70	0.4714285714	29	60	0.4833333333
25	53	0.4716981132	44	91	0.4835164835
42	89	0.4719101124	15	31	0.4838709677
17	36	0.4722222222	46	95	0.4842105263
43	91	0.4725274725	31	64	0.4843750000
26	55	0.4727272727	47	97	0.4845360825
35	74	0.4729729730	16	33	0.4848484848
44	93	0.4731182796	33	68	0.4852941176
9	19	0.4736842105	17	35	0.4857142857
46	97	0 4742268041	35	72	0.4861111111
37	78	0.4743589744	18	37	0.4864864865

N.	D.	Fraction décimale.
18	37	0.4864864865
37	76	0.4868421053
19	39	0.4871794872
39	80	0.4875000000
20	41	0.4878048780
41	84	0.4880952381
21	43	0.4883720930
43	88	0.4886363636
22	45	0.4888888889
45	92	0.4891304348
23	47	0.4893617021
47	96	0.4895833333
24	49	0.4897959184
49	100	0.4900000000
25	51	0.4901960784
26	53	0.4905660377
27	55	0.4909090909
28	57	0.4912280702
29	59	0.4915254237
30	61	0.4918032787
31	63	0.4920634921
32	65	0.4923076923
33	67	0.4925373134
34	69	0.4927536232
35	71	0.4929577465
36	73	0.4931506849
37	75	0.4933333333
38	77	0.4935064935
39	79	0.4936708861
40	81	0.4938271605
41	83	0.4939759036
42	85	0.4941176471
43	87	0.4942528736
44	89	0.4943820225
45	91	0.4945054945
46	93	0.4946236559
47	95	0.4947368421
48	97	0.4948453608
49	99	0.4949494949

N.	D.	Fraction décimale.
49	99	0.4949494949
1	2	0.5000000000
50	99	0.5050505051
49	97	0.5051546392
48	95	0.5052631579
47	93	0.5053763441
46	91	0.5054945055
45	89	0.5056179775
44	87	0.5057471264
43	85	0.5058823529
42	83	0.5060240964
41	81	0.5061728395
40	79	0.5063291139
39	77	0.5064935065
38	75	0.5066666667
37	73	0.5068493151
36	71	0.5070422535
35	69	0.5072463768
34	67	0.5074626866
33	65	0.5076923077
32	63	0.5079365079
31	61	0.5081967213
30	59	0.5084745763
29	57	0.5087719298
28	55	0.5090909091
27	53	0.5094339623
26	51	0.5098039216
51	100	0.5100000000
25	49	0.5102040816
49	96	0.5104166667
24	47	0.5106382979
47	92	0.5108695652
23	45	0.5111111111
45	88	0.5113636364
22	43	0.5116279070
43	84	0.5119047619
21	41	0.5121951220
41	80	0.5125000000
20	39	0.5128205128

N.	D.	Fraction décimale.
20	39	0.5128205128
39	76	0.5131578947
19	37	0.5135135135
37	72	0.5138888889
18	35	0.5142857143
35	68	0.514705 824
17	33	0.5151515152
50	97	0.5154639175
33	64	0.5156250000
49	95	0.5157894737
16	31	0.5161290323
47	91	0.5164835165
31	60	0.5166666667
46	89	0.5168539326
15	29	0.5172413793
44	85	0.5176470588
29	56	0.5178571429
43	83	0.5180722892
14	27	0.5185185185
41	79	0.5189873418
27	52	0.5192307692
40	77	0.5194805195
13	25	0.5200000000
51	98	0.5204081633
38	73	0.5205479452
25	48	0.5208333333
37	71	0.5211267606
49	94	0.5212765957
12	23	0.5217391304
47	90	0.5222222222
35	67	0.5223880597
23	44	0.5227272727
34	65	0.5230769231
45	86	0.5232558140
11	21	0.5238095238
43	82	0.5243902439
32	61	0.5245901639
21	40	0.5250000000
52	99	0.5252525253

N.	D.	Fraction décimale.
52	99	0.5252525253
31	59	0.5254237288
41	78	0.5256410256
51	97	0.5257731959
10	19	0.5263157895
49	93	0.5268817204
39	74	0.5270270270
29	55	0.5272727273
48	91	0.5274725275
19	36	0.5277777778
47	89	0.5280898876
28	53	0.5283018868
37	70	0.5285714286
46	87	0.5287356322
9	17	0.5294117647
53	100	0.5300000000
44	83	0.5301204819
35	66	0.5303030303
26	49	0.5306122449
43	81	0.5308641975
17	32	0.5312500000
42	79	0.5316455696
25	47	0.5319148936
33	62	0.5322580645
41	77	0.5324675325
49	92	0.5326086957
8	15	0.5333333333
47	88	0.5340909091
39	73	0.5342465753
31	58	0.5344827586
23	43	0.5348837209
38	71	0.5352112676
53	99	0.5353535354
15	28	0.5357142857
52	97	0.5360824742
37	69	0.5362318841
22	41	0.5365853659
51	95	0.5368421053
29	54	0.5370370370

N.	D.	Fraction décimale.
29	54	0.5370370370
36	67	0.5373134328
43	80	0.5375000000
50	93	0.5376344086
7	13	0.5384615385
48	89	0.5393258427
41	76	0.5394736842
34	63	0.5396825397
27	50	0.5400000000
47	87	0.5402298851
20	37	0.5405405405
53	98	0.5408163265
33	61	0.5409836066
46	85	0.5411764706
13	24	0.5416666667
45	83	0.5421686747
32	59	0.5423728814
51	94	0.5425531915
19	35	0.5428571429
44	81	0.5432098765
25	46	0.5434782609
31	57	0.5438596491
37	68	0.5441176471
43	79	0.5443037975
49	90	0.5444444444
6	11	0.5454545455
53	97	0.5463917526
47	86	0.5465116279
41	75	0.5466666667
35	64	0.5468750000
29	53	0.5471698113
52	95	0.5473684211
23	42	0.5476190476
40	73	0.5479452055
17	31	0.5483870968
45	82	0.5487804878
28	51	0.5490196078
39	71	0.5492957746
50	91	0.5494505495
50	91	0.5494505495
11	20	0.5500000000
49	89	0.5505617978
38	69	0.5507246377
27	49	0.5510204082
43	78	0.5512820513
16	29	0.5517241379
53	96	0.5520833333
37	67	0.5522388060
21	38	0.5526315789
47	85	0.5529411765
26	47	0.5531914894
31	56	0.5535714286
36	65	0.5538461538
41	74	0.5540540541
46	83	0.5542168675
51	92	0.5543478261
5	9	0.5555555556
54	97	0.5567010309
49	88	0.5568181818
44	79	0.5569620253
39	70	0.5571428571
34	61	0.5573770492
29	52	0.5576923077
53	95	0.5578947368
24	43	0.5581395349
43	77	0.5584415584
19	34	0.5588235294
52	93	0.5591397849
33	59	0.5593220339
47	84	0.5595238095
14	25	0.5600000000
51	91	0.5604395604
37	6	0.5606060606
23	41	0.5609756098
55	98	0.5612244898
32	57	0.5614035088
41	73	0.5616438356
50	89	0.5617977528

N.	D.	Fraction décimale.	N.	D.	Fraction décimale.
50	89	0.5617977528	50	87	0.5747126437
9	16	0.5625000000	23	40	0.5750000000
49	87	0.5632183908	42	73	0.5753424658
40	71	0.5633802817	19	33	0.5757575758
31	55	0.5636363636	53	92	0.5760869565
53	94	0.5638297872	34	59	0.5762711864
22	39	0.5641025641	49	85	0.5764705882
35	62	0.5645161290	15	26	0.5769230769
48	85	0.5647058824	56	97	0.5773195876
13	23	0.5652173913	41	71	0.5774647887
56	99	0.5656565657	26	45	0.5777777778
43	76	0.5657894737	37	64	0.5781250000
30	53	0.5660377358	48	83	0.5783132530
47	83	0.5662650602	11	19	0.5789473684
17	30	0.5666666667	51	88	0.5795454545
55	97	0.5670103093	40	69	0.5797101449
38	67	0.5671641791	29	50	0.5800000000
21	37	0.5675675676	47	81	0.5802469136
46	81	0.5679012346	18	31	0.5806451613
25	44	0.5681818182	43	74	0.5810810811
54	95	0.5684210526	25	43	0.5813953488
29	51	0.5686274510	57	98	0.5816326531
33	58	0.5689655172	32	55	0.5818181818
37	65	0.5692307692	39	67	0.5820895522
41	72	0.5694444444	46	79	0.5822784810
45	79	0.5696202532	53	91	0.5824175824
49	86	0.5697674419	7	12	0.5833333333
53	93	0.5698924731	52	89	0.5842696629
57	100	0.5700000000	45	77	0.5844155844
4	7	0.5714285714	38	65	0.5846153846
55	96	0.5729166667	31	53	0.5849056604
51	89	0.5730337079	55	94	0.5851063830
47	82	0.5731707317	24	41	0.5853658537
43	75	0.5733333333	41	70	0.5857142857
39	68	0.5735294118	58	99	0.5858585859
35	61	0.5737704918	17	29	0.5862068966
31	54	0.5740740741	44	75	0.5866666667
27	47	0.5744680851	27	46	0.5869565217
50	87	0.5747126437	37	63	0.5873015873

N.	D.	Fraction décimale.	N.	D.	Fraction décimale.
37	63	0.5873015873	58	97	0.5979381443
47	80	0.5875000000	3	5	0.6000000000
57	97	0.5876288660	59	98	0.6020408163
10	17	0.5882352941	56	93	0.6021505376
53	90	0.5888888889	53	88	0.6022727273
43	73	0.5890410959	50	83	0.6024096386
33	56	0.5892857143	47	78	0.6025641026
56	95	0.5894736842	44	73	0.6027397260
23	39	0.5897435897	41	68	0.6029411765
59	100	0.5900000000	38	63	0.6031746032
36	61	0.5901639344	35	58	0.6034482759
49	83	0.5903614458	32	53	0.6037735849
13	22	0.5909090909	29	48	0.6041666667
55	93	0.5913978495	55	91	0.6043956044
42	71	0.5915492958	26	43	0.6046511628
29	49	0.5918367347	49	81	0.6049382716
45	76	0.5921052632	23	38	0.6052631579
16	27	0.5925925926	43	71	0.6056338028
51	86	0.5930232558	20	33	0.6060606061
35	59	0.5932203390	57	94	0.6063829787
54	91	0.5934065934	37	61	0.6065573770
19	32	0.5937500000	54	89	0.6067415730
41	69	0.5942028986	17	28	0.6071428571
22	37	0.5945945946	48	79	0.6075949367
47	79	0.5949367089	31	51	0.6078431373
25	42	0.5952380952	45	74	0.6081081081
53	89	0.5955056180	59	97	0.6082474227
28	47	0.5957446809	14	23	0.6086956522
59	99	0.5959595960	53	87	0.6091954023
31	52	0.5961538462	39	64	0.6093750000
34	57	0.5964912281	25	41	0.6097560976
37	62	0.5967741935	61	100	0.6100000000
40	67	0.5970149254	36	59	0.6101694915
43	72	0.5972222222	47	77	0.6103896104
46	77	0.5974025974	58	95	0.6105263158
49	82	0.5975609756	11	18	0.6111111111
52	87	0.5977011494	52	85	0.6117647059
55	92	0.5978260870	41	67	0.6119402985
58	97	0.5979381443	30	49	0.6122448980

N.	D.	Fraction décimale.
30	49	0.6122448980
49	80	0.6125000000
19	31	0.6129032258
46	75	0.6133333333
27	44	0.6136363636
35	57	0.6140350877
43	70	0.6142857143
51	83	0.6144578313
59	96	0.6145833333
8	13	0.6153846154
61	99	0.6161616162
53	86	0.6162790698
45	73	0.6164383562
37	60	0.6166666667
29	47	0.6170212766
50	81	0.6172839506
21	34	0.6176470588
55	89	0.6179775281
34	55	0.6181818182
47	76	0.6184210526
60	97	0.6185567010
13	21	0.6190476190
57	92	0.6195652174
44	71	0.6197183099
31	50	0.6200000000
49	79	0.6202531646
18	29	0.6206896552
59	95	0.6210526316
41	66	0.6212121212
23	37	0.6216216216
51	82	0.6219512195
28	45	0.6222222222
61	98	0.6224489796
33	53	0.6226415094
38	61	0.6229508197
43	69	0.6231884058
48	77	0.6233766234
53	85	0.6235294118
58	93	0.6236559140
58	93	0.6236559140
5	8	0.6250000000
62	99	0.6262626263
57	91	0.6263736264
52	83	0.6265060241
47	75	0.6266666667
42	67	0.6268656716
37	59	0.6271186441
32	51	0.6274509804
59	94	0.6276595745
27	43	0.6279069767
49	78	0.6282051282
22	35	0.6285714286
61	97	0.6288659794
39	62	0.6290322581
56	89	0.6292134831
17	27	0.6296296296
63	100	0.6300000000
46	73	0.6301369863
29	46	0.6304347826
41	65	0.6307692308
53	84	0.6309523810
12	19	0.6315789474
55	87	0.6321839080
43	68	0.6323529412
31	49	0.6326530612
50	79	0.6329113924
19	30	0.6333333333
45	71	0.6338028169
26	41	0.6341463415
59	93	0.6344086022
33	52	0.6346153846
40	63	0.6349206349
47	74	0.6351351351
54	85	0.6352941176
61	96	0.6354166667
7	11	0.6363636364
58	91	0.6373626374
51	80	0.6375000000

N.	D.	Fraction décimale.
51	80	0.6375000000
44	69	0.6376811594
37	58	0.6379310345
30	47	0.6382978723
53	83	0.6385542169
23	36	0.6388888889
62	97	0.6391752577
39	61	0.6393442623
55	86	0.6395348837
16	25	0.6400000000
57	89	0.6404494382
41	64	0.6406250000
25	39	0.6410256410
59	92	0.6413043478
34	53	0.6415094340
43	67	0.6417910448
52	81	0.6419753086
61	95	0.6421052632
9	14	0.6428571429
56	87	0.6436781609
47	73	0.6438356164
38	59	0.6440677966
29	45	0.6444444444
49	76	0.6447368421
20	31	0.6451612903
51	79	0.6455696203
31	48	0.6458333333
42	65	0.6461538462
53	82	0.6463414634
64	99	0.6464646465
11	17	0.6470588235
57	88	0.6477272727
46	71	0.6478873239
35	54	0.6481481481
59	91	0.6483516484
24	37	0.6486486486
61	94	0.6489361702
37	57	0.6491228070
50	77	0.6493506494

N.	D.	Fraction décimale.
50	77	0.6493506494
63	97	0.6494845361
13	20	0.6500000000
54	83	0.6506024096
41	63	0.6507936508
28	43	0.6511627907
43	66	0.6515151515
58	89	0.6516853933
15	23	0.6521739130
62	95	0.6526315789
47	72	0.6527777778
32	49	0.6530612245
49	75	0.6533333333
17	26	0.6538461538
53	81	0.6543209877
36	55	0.6545454545
55	84	0.6547619048
19	29	0.6551724138
59	90	0.6555555556
40	61	0.6557377049
61	93	0.6559139785
21	32	0.6562500000
65	99	0.6565656566
44	67	0.6567164179
23	35	0.6571428571
48	73	0.6575342466
25	38	0.6578947368
52	79	0.6582278481
27	41	0.6585365854
56	85	0.6588235294
29	44	0.6590909091
60	91	0.6593406593
31	47	0.6595744681
64	97	0.6597938144
33	50	0.6600000000
35	53	0.6603773585
37	56	0.6607142857
39	59	0.6610169492
41	62	0.6612903226

N.	D.	Fraction décimale.	N.	D.	Fraction décimale.
41	62	0.6612903226	52	77	0.6753246753
43	65	0.6615384615	25	37	0.6756756757
45	68	0.6617647059	48	71	0.6760563380
47	71	0.6619718310	23	34	0.6764705882
49	74	0.6621621622	67	99	0.6767676768
51	77	0.6623376623	44	65	0.6769230769
53	80	0.6625000000	65	96	0.6770833333
55	83	0.6626506024	21	31	0.6774193548
57	86	0.6627906977	61	90	0.6777777778
59	89	0.6629213483	40	59	0.6779661017
61	92	0.6630434783	59	87	0.6781609195
63	95	0.6631578947	19	28	0.6785714286
65	98	0.6632653061	55	81	0.6790123457
2	3	0.6666666667	36	53	0.6792452830
67	100	0.6700000000	53	78	0.6794871795
65	97	0.6701030928	17	25	0.6800000000
63	94	0.6702127660	66	97	0.6804123711
61	91	0.6703296703	49	72	0.6805555556
59	88	0.6704545455	32	47	0.6808510638
57	85	0.6705882353	47	69	0.6811594203
55	82	0.6707317073	62	91	0.6813186813
53	79	0.6708860759	15	22	0.6818181818
51	76	0.6710526316	58	85	0.6823529412
49	73	0.6712328767	43	63	0.6825396825
47	70	0.6714285714	28	41	0.6829268293
45	67	0.6716417910	41	60	0.6833333333
43	64	0.6718750000	54	79	0.6835443038
41	61	0.6721311475	67	98	0.6836734694
39	58	0.6724137931	13	19	0.6842105263
37	55	0.6727272727	63	92	0.6847826087
35	52	0.6730769231	50	73	0.6849315068
33	49	0.6734693878	37	54	0.6851851852
64	95	0.6736842105	61	89	0.6853932584
31	46	0.6739130435	24	35	0.6857142857
60	89	0.6741573034	59	86	0.6860465116
29	43	0.6744186047	35	51	0.6862745098
56	83	0.6746987952	46	67	0.6865671642
27	40	0.6750000000	57	83	0.6867469880
52	77	0.6753246753	68	99	0.6868686869

N.	D.	Fraction décimale.	N.	D.	Fraction décimale.
68	99	0.6868686869	65	93	0.6989247312
11	16	0.6875000000	7	10	0.7000000000
64	93	0.6881720430	68	97	0.7010309278
53	77	0.6883116883	61	87	0.7011494253
42	61	0.6885245902	54	77	0.7012987013
31	45	0.6888888889	47	67	0.7014925373
51	74	0.6891891892	40	57	0.7017543860
20	29	0.6896551724	33	47	0.7021276596
69	100	0.6900000000	59	84	0.7023809524
49	71	0.6901408451	26	37	0.7027027027
29	42	0.6904761905	45	64	0.7031250000
67	97	0.6907216495	64	91	0.7032967033
38	55	0.6909090909	19	27	0.7037037037
47	68	0.6911764706	69	98	0.7040816327
56	81	0.6913580247	50	71	0.7042253521
65	94	0.6914893617	31	44	0.7045454545
9	13	0.6923076923	43	61	0.7049180328
61	88	0.6931818182	55	78	0.7051282051
52	75	0.6933333333	67	95	0.7052631579
43	62	0.6935483871	12	17	0.7058823529
34	49	0.6938775510	65	92	0.7065217391
59	85	0.6941176471	53	75	0.7066666667
25	36	0.6944444444	41	58	0.7068965517
66	95	0.6947368421	70	99	0.7070707071
41	59	0.6949152542	29	41	0.7073170732
57	82	0.6951219512	46	65	0.7076923077
16	23	0.6956521739	63	89	0.7078651685
55	79	0.6962025316	17	24	0.7083333333
39	56	0.6964285714	56	79	0.7088607595
62	89	0.6966292135	39	55	0.7090909091
23	33	0.6969696970	61	86	0.7093023256
53	76	0.6973684211	22	31	0.7096774194
30	43	0.6976744186	71	100	0.7100000000
67	96	0.6979166667	49	69	0.7101449275
37	53	0.6981132075	27	38	0.7105263158
44	63	0.6984126984	59	83	0.7108433735
51	73	0.6986301370	32	45	0.7111111111
58	83	0.6987951807	69	97	0.7113402062
65	93	0.6989247312	37	52	0.7115384615

N.	D.	Fraction décimale.	N.	D.	Fraction décimale.
37	52	0.7115384615	50	69	0.7246376812
42	59	0.7118644068	29	40	0.7250000000
47	66	0.7121212121	66	91	0.7252747253
52	73	0.7123287671	37	51	0.7254901961
57	80	0.7125000000	45	62	0.7258064516
62	87	0.7126436782	53	73	0.7260273973
67	94	0.7127659574	61	84	0.7261904762
5	7	0.7142857143	69	95	0.7263157895
68	95	0.7157894737	8	11	0.7272727273
63	88	0.7159090909	67	92	0.7282608696
58	81	0.7160493827	59	81	0.7283950617
53	74	0.7162162162	51	70	0.7285714286
48	67	0.7164179104	43	59	0.7288135593
43	60	0.7166666667	35	48	0.7291666667
38	53	0.7169811321	62	85	0.7294117647
71	99	0.7171717172	27	37	0.7297297297
33	46	0.7173913043	73	100	0.7300000000
61	85	0.7176470588	46	63	0.7301587302
28	39	0.7179487179	65	89	0.7303370787
51	71	0.7183098592	19	26	0.7307692308
23	32	0.7187500000	68	93	0.7311827957
64	89	0.7191011236	49	67	0.7313432836
41	57	0.7192982456	30	41	0.7317073171
59	82	0.7195121951	71	97	0.7319587629
18	25	0.7200000000	41	56	0.7321428571
67	93	0.7204301075	52	71	0.7323943662
49	68	0.7205882353	63	86	0.7325581395
31	43	0.7209302326	11	15	0.7333333333
44	61	0.7213114754	69	94	0.7340425532
57	79	0.7215189873	58	79	0.7341772152
70	97	0.7216494845	47	64	0.7343750000
13	18	0.7222222222	36	49	0.7346938776
60	83	0.7228915663	61	83	0.7349397590
47	65	0.7230769231	25	34	0.7352941176
34	47	0.7234042553	64	87	0.7356321839
55	76	0.7236842105	39	53	0.7358490566
21	29	0.7241379310	53	72	0.7361111111
71	98	0.7244897959	67	91	0.7362637363
50	69	0.7246376812	14	19	0.7368421053

N.	D.	Fraction décimale.	N.	D.	Fraction décimale.
14	19	0.7368421053	71	95	0.7473684211
73	99	0.7373737374	74	99	0.7474747475
59	80	0.7375000000	3	4	0.7500000000
45	61	0.7377049180	73	97	0.7525773196
31	42	0.7380952381	70	93	0.7526881720
48	65	0.7384615385	67	89	0.7528089888
65	88	0.7386363636	64	85	0.7529411765
17	23	0.7391304348	61	81	0.7530864198
71	96	0.7395833333	58	77	0.7532467532
54	73	0.7397260274	55	73	0.7534246675
37	50	0.7400000000	52	69	0.7536231884
57	77	0.7402597403	49	65	0.7538461538
20	27	0.7407407407	46	61	0.7540983607
63	85	0.7411764706	43	57	0.7543859649
43	58	0.7413793103	40	53	0.7547169811
66	89	0.7415730337	37	49	0.7551020408
23	31	0.7419354839	71	94	0.7553191489
72	97	0.7422680412	34	45	0.7555555556
49	66	0.7424242424	65	86	0.7558139535
26	35	0.7428571429	31	41	0.7560975610
55	74	0.7432432432	59	78	0.7564102564
29	39	0.7435897436	28	37	0.7567567568
61	82	0.7439024390	53	70	0.7571428571
32	43	0.7441860465	25	33	0.7575757576
67	90	0.7444444444	72	95	0.7578947368
35	47	0.7446808511	47	62	0.7580645161
73	98	0.7448979592	69	91	0.7582417582
38	51	0.7450980392	22	29	0.7586206897
41	55	0.7454545455	63	83	0.7590361446
44	59	0.7457627119	41	54	0.7592592593
47	63	0.7460317460	60	79	0.7594936709
50	67	0.7462686567	19	25	0.7600000000
53	71	0.7464788732	73	96	0.7604166667
56	75	0.7466666667	54	71	0.7605633803
59	79	0.7468354430	35	46	0.7608695652
62	83	0.7469879518	51	67	0.7611940299
65	87	0.7471264368	67	88	0.7613636364
68	91	0.7472527473	16	21	0.7619047619
71	95	0.7473684211	61	80	0.7625000000

N.	D.	Fraction décimale.	N.	D.	Fraction décimale.
61	80	0.7625000000	24	31	0.7741935484
45	59	0.7627118644	55	71	0.7746478873
74	97	0.7628865979	31	40	0.7750000000
29	38	0.7631578947	69	89	0.7752808989
71	93	0.7634408602	38	49	0.7755102041
42	55	0.7636363636	45	58	0.7758620690
55	72	0.7638888889	52	67	0.7761194030
68	89	0.7640449438	59	76	0.7763157895
13	17	0.7647058824	66	85	0.7764705882
75	98	0.7653061224	73	94	0.7765957447
62	81	0.7654320988	7	9	0.7777777778
49	64	0.7656250000	74	95	0.7789473684
36	47	0.7659574468	67	86	0.7790697674
59	77	0.7662337662	60	77	0.7792207792
23	30	0.7666666667	53	68	0.7794117647
56	73	0.7671232877	46	59	0.7796610169
33	43	0.7674418605	39	50	0.7800000000
76	99	0.7676767677	71	91	0.7802197802
43	56	0.7678571429	32	41	0.7804878049
53	69	0.7681159420	57	73	0.7808219178
63	82	0.7682926829	25	32	0.7812500000
73	95	0.7684210526	68	87	0.7816091954
10	13	0.7692307692	43	55	0.7818181818
77	100	0.7700000000	61	78	0.7820512821
67	87	0.7701149425	18	23	0.7826086957
57	74	0.7702702703	65	83	0.7831325301
47	61	0.7704918033	47	60	0.7833333333
37	48	0.7708333333	76	97	0.7835051546
64	83	0.7710843373	29	37	0.7837837838
27	35	0.7714285714	69	88	0.7840909091
71	92	0.7717391304	40	51	0.7843137255
44	57	0.7719298246	51	65	0.7846153846
61	79	0.7721518987	62	79	0.7848101266
17	22	0.7727272727	73	93	0.7849462366
75	97	0.7731958763	11	14	0.7857142857
58	75	0.7733333333	70	89	0.7865168539
41	53	0.7735849057	59	75	0.7866666667
65	84	0.7738095238	48	61	0.7868852459
24	31	0.7741935484	37	47	0.7872340426

N.	D.	Fraction décimale.	N.	D.	Fraction décimale.
37	47	0.7872340426	79	99	0.7979797980
63	80	0.7875000000	4	5	0.8000000000
26	33	0.7878787879	77	96	0.8020833333
67	85	0.7882352941	73	91	0.8021978022
41	52	0.7884615385	69	86	0.8023255814
56	71	0.7887323944	65	81	0.8024691358
71	90	0.7888888889	61	76	0.8026315789
15	19	0.7894736842	57	71	0.8028169014
79	100	0.7900000000	53	66	0.8030303030
64	81	0.7901234568	49	61	0.8032786885
49	62	0.7903225806	45	56	0.8035714286
34	43	0.7906976744	41	51	0.8039215686
53	67	0.7910447761	78	97	0.8041237113
72	91	0.7912087912	37	46	0.8043478261
19	24	0.7916666667	70	87	0.8045977011
61	77	0.7922077922	33	41	0.8048780488
42	53	0.7924528302	62	77	0.8051948052
65	82	0.7926829268	29	36	0.8055555556
23	29	0.7931034483	54	67	0.8059701493
73	92	0.7934782609	79	98	0.8061224490
50	63	0.7936507937	25	31	0.8064516129
77	97	0.7938144330	71	88	0.8068181818
27	34	0.7941176471	46	57	0.8070175439
58	73	0.7945205479	67	83	0.8072289157
31	39	0.7948717949	21	26	0.8076923077
66	83	0.7951807229	80	99	0.8080808081
35	44	0.7954545455	59	73	0.8082191781
74	93	0.7956989247	38	47	0.8085106383
39	49	0.7959183673	55	68	0.8088235294
43	54	0.7962962963	72	89	0.8089887640
47	59	0.7966101695	17	21	0.8095238095
51	64	0.7968750000	81	100	0.8100000000
55	69	0.7971014493	64	79	0.8101265823
59	74	0.7972972973	47	58	0.8103448276
63	79	0.7974683544	77	95	0.8105263158
67	84	0.7976190476	30	37	0.8108108108
71	89	0.7977528090	73	90	0.8111111111
75	94	0.7978723404	43	53	0.8113207547
79	99	0.7979797980	56	69	0.8115942029

N.	D.	Fraction décimale.	N.	D.	Fraction décimale.
56	69	0.8115942029	47	57	0.8245614035
69	85	0.8117647059	80	97	0.8247422680
13	16	0.8125000000	33	40	0.8250000000
74	91	0.8131868132	52	63	0.8253968254
61	75	0.8133333333	71	86	0.8255813953
48	59	0.8135593220	19	23	0.8260869565
35	43	0.8139534884	81	98	0.8265306122
57	70	0.8142857143	62	75	0.8266666667
79	97	0.8144329897	43	52	0.8269230769
22	27	0.8148148148	67	81	0.8271604938
75	92	0.8152173913	24	29	0.8275862069
53	65	0.8153846154	77	93	0.8279569892
31	38	0.8157894737	53	64	0.8281250000
71	87	0.8160919540	82	99	0.8282828283
40	49	0.8163265306	29	35	0.8285714286
49	60	0.8166666667	63	76	0.8289473684
58	71	0.8169014085	34	41	0.8292682927
67	82	0.8170731707	73	88	0.8295454545
76	93	0.8172043011	39	47	0.8297872340
9	11	0.8181818182	83	100	0.8300000000
77	94	0.8191489362	44	53	0.8301886792
68	83	0.8192771084	49	59	0.8305084746
59	72	0.8194444444	54	65	0.8307692308
50	61	0.8196721311	59	71	0.8309859155
41	50	0.8200000000	64	77	0.8311688312
73	89	0.8202247191	69	83	0.8313253012
32	39	0.8205128205	74	89	0.8314606742
55	67	0.8208955224	79	95	0.8315789474
78	95	0.8210526316	5	6	0 8333333333
23	28	0.8214285714	81	97	0.8350515464
60	73	0.8219178082	76	91	0.8351648352
37	45	0.8222222222	71	85	0.8352941176
51	62	0.8225806452	66	79	0.8354430380
65	79	0.8227848101	61	73	0.8356164384
79	96	0.8229166667	56	67	0.8358208955
14	17	0.8235294118	51	61	0.8360655738
75	91	0.8241758242	46	55	0.8363636364
61	74	0.8243243243	41	49	0.8367346939
47	57	0.8245614035	77	92	0.8369565217

N.	D.	Fraction décimale.
77	92	0.8369565217
36	43	0.8372093023
67	80	0.8375000000
31	37	0.8378378378
57	68	0.8382352941
83	99	0.8383838384
26	31	0.8387096774
73	87	0.8390804598
47	56	0.8392857143
68	81	0.8395061728
21	25	0.8400000000
79	94	0.8404255319
58	69	0.8405797101
37	44	0.8409090909
53	63	0.8412698413
69	82	0.8414634146
16	19	0.8421052632
75	89	0.8426966292
59	70	0.8428571429
43	51	0.8431372549
70	83	0.8433734940
27	32	0.8437500000
65	77	0.8441558442
38	45	0.8444444444
49	58	0.8448275862
60	71	0.8450704225
71	84	0.8452380952
82	97	0.8453608247
11	13	0.8461538462
83	98	0.8469387755
72	85	0.8470588235
61	72	0.8472222222
50	59	0.8474576271
39	46	0.8478260870
67	79	0.8481012658
28	33	0.8484848485
73	86	0.8488372093
45	53	0.8490566038
62	73	0.8493150685

N.	D.	Fraction décimale.
62	73	0.8493150685
79	93	0.8494623656
17	20	0.8500000000
74	87	0.8505747126
57	67	0.8507462687
40	47	0.8510638298
63	74	0.8513513514
23	27	0.8518518519
75	88	0.8522727273
52	61	0.8524590164
81	95	0.8526315789
29	34	0.8529411765
64	75	0.8533333333
35	41	0.8536585366
76	89	0.8539325843
41	48	0.8541666667
47	55	0.8545454545
53	62	0.8548387097
59	69	0.8550724638
65	76	0.8552631579
71	83	0.8554216867
77	90	0.8555555556
83	97	0.8556701031
6	7	0.8571428571
85	99	0.8585858586
79	92	0.8586956522
73	85	0.8588235294
67	78	0.8589743590
61	71	0.8591549296
55	64	0.8593750000
49	57	0.8596491228
43	50	0.8600000000
80	93	0.8602150538
37	43	0.8604651163
68	79	0.8607594937
31	36	0.8611111111
56	65	0.8615384615
81	94	0.8617021277
25	29	0.8620689655

N.	D.	Fraction décimale.
25	29	0.8620689655
69	80	0.8625000000
44	51	0.8627450980
63	73	0.8630136986
82	95	0.8631578947
19	22	0.8636363636
70	81	0.8641975309
51	59	0.8644067797
83	96	0.8645833333
32	37	0.8648648649
77	89	0.8651685393
45	52	0.8653846154
58	67	0.8656716418
71	82	0.8658536585
84	97	0.8659793814
13	15	0.8666666667
85	98	0.8673469388
72	83	0.8674698795
59	68	0.8676470588
46	53	0.8679245283
79	91	0.8681318681
33	38	0.8684210526
86	99	0.8686868687
53	61	0.8688524590
73	84	0.8690476190
20	23	0.8695652174
87	100	0.8700000000
67	77	0.8701298701
47	54	0.8703703704
74	85	0.8705882353
27	31	0.8709677419
61	70	0.8714285714
34	39	0.8717948718
75	86	0.8720930233
41	47	0.8723404255
48	55	0.8727272727
55	63	0.8730158730
62	71	0.8732394366
69	79	0.8734177215
69	79	0.8734177215
76	87	0.8735632184
83	95	0.8736842105
7	8	0.8750000000
85	97	0.8762886598
78	89	0.8764044944
71	81	0.8765432099
64	73	0.8767123288
57	65	0.8769230769
50	57	0.8771929825
43	49	0.8775510204
79	90	0.8777777778
36	41	0.8780487805
65	74	0.8783783784
29	33	0.8787878788
80	91	0.8791208791
51	58	0.8793103448
73	83	0.8795180723
22	25	0.8800000000
81	92	0.8804347826
59	67	0.8805970149
37	42	0.8809523810
52	59	0.8813559322
67	76	0.8815789474
82	93	0.8817204301
15	17	0.8823529412
83	94	0.8829787234
68	77	0.8831168831
53	60	0.8833333333
38	43	0.8837209302
61	69	0.8840579710
84	95	0.8842105263
23	26	0.8846153846
77	87	0.8850574713
54	61	0.8852459016
85	96	0.8854166667
31	35	0.8857142857
70	79	0.8860759494
39	44	0.8863636364

N.	D.	Fraction décimale.	N.	D.	Fraction décimale.
39	44	0.8863636364	71	79	0.8987341772
86	97	0.8865979381	80	89	0.8988764045
47	53	0.8867924528	89	99	0.8989898990
55	62	0.8870967742	9	10	0.9000000000
63	71	0.8873239437	82	91	0.9010989011
71	80	0 8875000000	73	81	0.9012345679
79	89	0.8876404494	64	71	0.9014084507
87	98	0.8877551020	55	61	0.9016393443
8	9	0.8888888889	46	51	0.9019607843
89	100	0.8900000000	83	92	0.9021739130
81	91	0.8901098901	37	41	0.9024390244
73	82	0.8902439024	65	72	0.9027777778
65	73	0.8904109589	28	31	0.9032258065
57	64	0.8906250000	75	83	0.9036144578
49	55	0.8909090909	47	52	0.9038461538
41	46	0.8913043478	66	73	0 9041095890
74	83	0.8915662651	85	94	0.9042553191
33	37	0.8918918919	19	21	0.9047619048
58	65	0.8923076923	86	95	0.9052631579
83	93	0.8924731183	67	74	0.9054054054
25	28	0.8928571429	48	53	0.9056603774
67	75	0.8933333333	77	85	0.9058823529
42	47	0.8936170213	29	32	0.9062500000
59	66	0.8939393939	68	75	0.9066666667
76	85	0.8941176471	39	43	0.9069767442
17	19	0.8947368421	88	97	0.9072164948
77	86	0.8953488372	49	54	0.9074074074
60	67	0.8955223881	59	65	0.9076923077
43	48	0.8958333333	69	76	0.9078947368
69	77	0.8961038961	79	87	0.9080459770
26	29	0.8965517241	89	98	0.9081632653
87	97	0.8969072165	10	11	0.9090909091
61	68	0.8970588235	91	100	0.9100000000
35	39	0.8974358974	81	89	0.9101123596
79	88	0.8977272727	71	78	0.9102564103
44	49	0.8979591837	61	67	0.9104477612
53	59	0.8983050847	51	56	0.9107142857
62	69	0.8985507246	41	45	0.9111111111
71	79	0.8987341772	72	79	0.9113924051

N.	D.	Fraction décimale.
72	79	0.9113924051
31	34	0.9117647059
83	91	0.9120879121
52	57	0.9122807018
73	80	0.9125000000
21	23	0.9130434783
74	81	0.9135802469
53	58	0.9137931034
85	93	0.9139784946
32	35	0.9142857143
75	82	0.9146341463
43	47	0.9148936170
54	59	0.9152542373
65	71	0.9154929577
76	83	0.9156626506
87	95	0.9157894737
11	12	0.9166666667
89	97	0.9175257732
78	85	0.9176470588
67	73	0.9178082192
56	61	0.9180327869
45	49	0.9183673469
79	86	0.9186046512
34	37	0.9189189189
91	99	0.9191919192
57	62	0.9193548387
80	87	0.9195402299
23	25	0.9200000000
81	88	0.9204545455
58	63	0.9206349206
35	38	0.9210526316
82	89	0.9213483146
47	51	0.9215686275
59	64	0.9218750000
71	77	0.9220779221
83	90	0.9222222222
12	13	0.9230769231
85	92	0.9239130435
73	79	0.9240506329

N.	D.	Fraction décimale.
73	79	0.9240506329
61	66	0.9242424242
49	53	0.9245283019
86	93	0.9247311828
37	40	0.9250000000
62	67	0.9253731343
87	94	0.9255319149
25	27	0.9259259259
88	95	0.9263157895
63	68	0.9264705882
38	41	0.9268292683
89	96	0.9270833333
51	55	0.9272727273
64	69	0.9275362319
77	83	0.9277108434
90	97	0.9278350515
13	14	0.9285714286
92	99	0.9292929293
79	85	0.9294117647
66	71	0.9295774648
53	57	0.9298245614
93	100	0.9300000000
40	43	0.9302325581
67	72	0.9305555556
27	29	0.9310344828
68	73	0.9315068493
41	44	0.9318181818
55	59	0.9322033898
69	74	0.9324324324
83	89	0.9325842697
14	15	0.9333333333
85	91	0.9340659341
71	76	0.9342105263
57	61	0.9344262295
43	46	0.9347826087
72	77	0.9350649351
29	31	0.9354838710
73	78	0.9358974359
44	47	0.9361702128

N.	D.	Fraction décimale.
44	47	0.9361702128
59	63	0.9365079365
74	79	0.9367088608
89	95	0.9368421053
15	16	0.9375000000
91	97	0.9381443299
76	81	0.9382716049
61	65	0.9384615385
46	49	0.9387755102
77	82	0.9390243902
31	33	0.9393939394
78	83	0.9397590361
47	50	0.9400000000
63	67	0.9402985075
79	84	0.9404761905
16	17	0.9411764706
81	86	0.9418604651
65	69	0.9420289855
49	52	0.9423076923
82	87	0.9425287356
33	35	0.9428571429
83	88	0.9431818182
50	53	0.9433962264
67	71	0.9436619718
84	89	0.9438202247
17	18	0.9444444444
86	91	0.9450549451
69	73	0.9452054795
52	55	0.9454545455
87	92	0.9456521739
35	37	0.9459459459
88	93	0.9462365591
53	56	0.9464285714
71	75	0.9466666667
89	94	0.9468085106
18	19	0.9473684211
91	96	0.9479166667
73	77	0.9480519481
55	58	0.9482758621

N.	D.	Fraction décimale.
55	58	0.9482758621
92	97	0.9484536082
37	39	0.9487179487
93	98	0.9489795918
56	59	0.9491525424
75	79	0.9493670886
94	99	0.9494949495
19	20	0.9500000000
77	81	0.9506172840
58	61	0.9508196721
39	41	0.9512195122
59	62	0.9516129032
79	83	0.9518072289
20	21	0.9523809524
81	85	0.9529411765
61	64	0.9531250000
41	43	0.9534883721
62	65	0.9538461538
83	87	0.9540229885
21	22	0.9545454545
85	89	0.9550561798
64	67	0.9552238806
43	45	0.9555555556
65	68	0.9558823529
87	91	0.9560439560
22	23	0.9565217391
89	93	0.9569892473
67	70	0.9571428571
45	47	0.9574468085
68	71	0.9577464789
91	95	0.9578947368
23	24	0.9583333333
93	97	0.9587628866
70	73	0.9589041096
47	49	0.9591836735
71	74	0.9594594595
95	99	0.9595959596
24	25	0.9600000000
73	76	0.9605263158

N.	D.	Fraction décimale.	N.	D.	Fraction décimale.
73	76	0.9605263158	35	36	0.9722222222
49	51	0.9607843137	71	73	0.9726027397
74	77	0.9610389610	36	37	0.9729729730
25	26	0.9615384615	73	75	0.9733333333
76	79	0.9620253165	37	38	0.9736842105
51	53	0.9622641509	75	77	0.9740259740
77	80	0.9625000000	38	39	0.9743589744
26	27	0.9629629630	77	79	0.9746835443
79	82	0.9634146341	39	40	0.9750000000
53	55	0.9636363636	79	81	0.9753086420
80	83	0.9638554217	40	41	0.9756097561
27	28	0.9642857143	81	83	0.9759036145
82	85	0.9647058824	41	42	0.9761904762
55	57	0.9649122807	83	85	0.9764705882
83	86	0.9651162791	42	43	0.9767441860
28	29	0.9655172414	85	87	0.9770114943
85	88	0.9659090909	43	44	0.9772727273
57	59	0.9661016949	87	89	0.9775280899
86	89	0.9662921348	44	45	0.9777777778
29	30	0.9666666667	89	91	0.9780219780
88	91	0.9670329670	45	46	0.9782608696
59	61	0.9672131148	91	93	0.9784946237
89	92	0.9673913043	46	47	0.9787234043
30	31	0.9677419355	93	95	0.9789473684
91	94	0.9680851064	47	48	0.9791666667
61	63	0.9682539683	95	97	0.9793814433
92	95	0.9684210526	48	49	0.9795918367
31	32	0.9687500000	97	99	0.9797979798
94	97	0.9690721649	49	50	0.9800000000
63	65	0.9692307692	50	51	0.9803921569
95	98	0.9693877551	51	52	0.9807692308
32	33	0.9696969697	52	53	0.9811320755
97	100	0.9700000000	53	54	0.9814814815
65	67	0.9701492537	54	55	0.9818181818
33	34	0.9705882353	55	56	0.9821428571
67	69	0.9710144928	56	57	0.9824561404
34	35	0.9714285714	57	58	0.9827586207
69	71	0.9718309859	58	59	0.9830508475
35	36	0.9722222222	59	60	0.9833333333

N.	D.	Fraction décimale.	N.	D.	Fraction décimale.
59	60	0.9833333333	90	91	0.9890109890
60	61	0.9836065574	91	92	0.9891304348
61	62	0.9838709677	92	93	0.9892473118
62	63	0.9841269841	93	94	0.9893617021
63	64	0.9843750000	94	95	0.9894736842
64	65	0.9846153846	95	96	0.9895833333
65	66	0.9848484848	96	97	0.9896907216
66	67	0.9850746269	97	98	0.9897959184
67	68	0.9852941176	98	99	0.9898989899
68	69	0.9855072464	99	100	0.9900000000
69	70	0.9857142857			
70	71	0.9859154930			
71	72	0.9861111111			
72	73	0.9863013699			
73	74	0.9864864865			
74	75	0.9866666667			
75	76	0.9868421053			
76	77	0.9870129870			
77	78	0 9871794872			
78	79	0.9873417722			
79	80	0.9875000000			
80	81	0.9876543210			
81	82	0.9878048780			
82	83	0.9879518072			
83	84	0.9880952381			
84	85	0.9882352941			
85	86	0.9883720930			
86	87	0.9885057471			
87	88	0.9886363636			
88	89	0.9887640449			
89	90	0.9888888889			
90	91	0.9890109890	1	1	1.0000000000

USE OF THE TABLE

FOR THE

CALCULATION OF CLOCK-TRAINS

BY

APPROXIMATION.

CALCULATION OF TRAINS

BY

APPROXIMATION.

A NEW METHOD

By M. ACHILLE BROCOT.

In the horological journal, of 1[rst] december 1860, is explained a new mode of calculating trains by approximation, which I communicated to the society of Clock-Makers of Paris, at their Meeting of the 10th june 1860.

The first problem was directly solved by this method, whilst the second problem needs the use of a table for the conversion of decimals into vulgar fractions.

This table I now publish, with a text containing the theoretical principles of the method, and numerous examples of its application.

In this notice, specially intended for the english clock-makers, I desire simply to explain the nature of my table and to point out the use of it for the calculation of trains.

This table contains all vulgar fractions, whose denominators do not exceed 100; they are arranged in the order of their values, and opposite to each is its expression, calculated to the tenth decimal place.

In the first column, under the letter N, are the numerators.

In the second column, under the letter D, are the denominators.

The third column contains the decimal fractions. I shall now show how by the aid of my table, any number required may be easily found.

PROBLEM 1.

An arbor turns once in one hour, required a train that will give another arbor one turn in 8 hours, 30435.

Here the velocities of the two arbors are expressed by the ratio 1 : 8,30435.

From the table, we find that the decimal fraction 0,30435 is equivalent to $\frac{1}{23}$.

For the ratio 1 : 8,30435, we may therefore substitute 1 : $8 + \frac{1}{23}$ which gives 23 : 191.

On examining the figures of the last ratio, we perceive that they are both prime numbers, and consequently to produce the revolution required, we must employ a pinion of 23 and a wheel of 191 teeth; but if the general conditions of the clock do not permit the employment of a wheel whose circumference would bear so great a number of teeth, it is evident that we must be content with an approximation.

Then let us take from the table the two vulgar fractions between which the fraction $\frac{7}{23}$ is placed, choosing those of which the terms are smaller than $\frac{7}{23}$.

These fractions are $\frac{3}{10}$ and $\frac{4}{13}$; we shall then have the two following ratios:

$$1 : 8 + \frac{3}{10} \text{ which gives } 10 : 83.$$

$$\text{And} \quad : 8 + \frac{4}{13} \text{ which gives } 13 : 108.$$

Taking a pinion of 10 and a wheel of 83 teeth, the error in the time of the revolution of the latter will be $-\frac{1}{23 \times 10} = \frac{1}{230} = 0,00435$.

Again taking a pinion of 13 and a wheel of 108 teeth, the error will be $+\frac{1}{23 \times 13} = \frac{1}{299} = 0,00334$.

This is the closest degree of approximation that can be attained by employing only one wheel and one pinion.

If we wish to attain a greater degree of accuracy we must have a train with three arbors carrying two wheels and two pinions; that is to say, to make use of a ratio, each of whose terms admit of two suitable factors.

Then taking the exact ratio 23 : 191 and one of the ratios 10 : 83 and 13 : 108, which contain very small errors, we easily calculate a great many of other ratios, by simply making additions. Then we shall have the two following series of results.

Results containing an error minus.

			Pinions.		Wheels	
			10	:	83	
	10 + 23 : 83 + 191	=	33	:	274	
	33 + 23 : 274 + 191	=	56	:	465	(a)
	56 + 23 : 465 + 191	=	79	:	656	
	79 + 23 : 656 + 191	=	102	:	847	(b)
(1)	102 + 23 : 847 + 191	=	125	:	1038	
	125 + 23 : 1038 + 191	=	148	:	1229	
	148 + 23 : 1229 + 191	=	171	:	1420	(c)
	171 + 23 : 1420 + 191	=	194	:	1611	
	194 + 23 : 1611 + 191	=	217	:	1802	(d)
	217 + 23 : 1802 + 191	=	240	:	1993	
	. . . .		. .	:	. .	
	. . . .		. .	.	. .	
	. . . .		. .	.	. .	

Results containing an error plus.

			Pinions.		Wheels.	
			13	:	108	
	13 + 23 : 108 + 191	=	36	:	299	( )
	36 + 23 : 299 + 191	=	59	:	490	
	59 + 23 : 490 + 191	=	82	:	681	
	82 + 23 : 681 + 191	=	105	:	872	(f)
(2)	105 + 23 : 872 + 191	=	128	:	1063	
	128 + 23 : 1063 + 191	=	151	:	1254	
	151 + 23 : 1254 + 191	=	174	:	1445	(g)
	174 + 23 : 1445 + 191	=	197	:	1636	
	197 + 23 : 1636 + 191	=	220	:	1827	(h)
	220 + 23 : 1827 + 191	=	243	:	2018	
	. . . .		. .	.	. .	
	. . . .		. .	.	. .	
	. . . .		. .	.	. .	

In these two tables, we can only avail ourselves of the ratios where the greatest prime factor of each of the terms can be applied, the one to a wheel and the other to a pinion.

We can easily find these factors by making use of a table of divisors, that of Burkardt, for example, which is the most accurate, and which gives the smallest factors, in prime numbers, of all numbers as high as three millions.

Trains deduced from table (1).

$$(a)\quad \frac{56}{465}\quad \frac{\text{Pinions } 7 \times 8}{\text{Wheels } 5 \times 93}\qquad \text{Error } -\frac{1}{56 \times 23}$$

$$(b)\quad \frac{02}{847}\quad \frac{\text{Pinions } 6 \times 17}{\text{Wheels } 11 \times 77}\qquad \text{Error } -\frac{1}{102 \times 23}$$

$$(c)\quad \frac{171}{1420}\quad \frac{\text{Pinions } 9 \times 19}{\text{Wheels } 20 \times 71}\qquad \text{Error } -\frac{1}{171 \times 23}$$

$$(d)\quad \frac{217}{1802}\quad \frac{\text{Pinions } 7 \times 31}{\text{Wheels } 34 \times 53}\qquad \text{Error } -\frac{1}{217 \times 23}$$

Trains deduced from table (2).

$$(e)\quad \frac{36}{299}\quad \frac{\text{Pinions } 6 \times 6}{\text{Wheels } 13 \times 23}\qquad \text{Error } +\frac{1}{36 \times 23}$$

$$(f)\quad \frac{105}{872}\quad \frac{\text{Pinions } 3 \times 35}{\text{Wheels } 8 \times 109}\qquad \text{Error } +\frac{1}{105 \times 23}$$

$$(g)\quad \frac{174}{1445}\quad \frac{\text{Pinions } 6 \times 29}{\text{Wheels } 19 \times 85}\qquad \text{Error } +\frac{1}{174 \times 23}$$

$$(h)\quad \frac{220}{1827}\quad \frac{\text{Pinions } 11 \times 20}{\text{Wheels } 29 \times 43}\qquad \text{Error } +\frac{1}{220 \times 23}$$

We may observe that the error in the revolution of the wheels is always represented by a fraction having for its numerator the unit, and for its denominator a number continually increasing, as we employ higher numbers.

Again let us employ the table of fractions to solve the following problem.

Problem 2.

An arbor turns in 24 hours, or 1 day; required a train that will give an arbor one turn in 87 days 96926, which is the time of the revolution of the Planet Mercury.

In the table we do not find the decimal fraction 0,96926, but the two nearest consecutive fractions are $\frac{63}{65}$ and $\frac{95}{98}$.

The first is too low, and the other is too high. Substituting, successively, for the given decimal fraction these two vulgar fractions, we shall have the following ratios:

$$87 \quad \frac{63}{65} : 1 \text{ which gives } 5718 : 65$$

$$87 + \frac{95}{98} : 1 \text{ which gives } 8621 : 98$$

Adding these ratios, term for term, we shall have 14339 to 163 for an intermediate ratio, as is seen in the following table.

5718	:	65
14339	:	163
8621	:	98

Adding term for term two of the consecutive results of the above table, we shall have two new intermediate ratios, and the table will stand thus.

5718	:	65
20057	:	228
14339	:	163
22960	:	261
8621	:	98

In these five results, one alone can furnish a train, that is:

$$\frac{22960}{261} = \frac{\text{Wheels } 112 \times 205}{\text{Pinions } 9 \times 29} = \frac{\text{Wheels } 10 \times 56 \times 41}{\text{Pinions } 3 \times 3 \times 29}.$$

Dividing 22960 by 261, to find the degree of approximation obtained by these numbers,

We have		87,96935.
And the error is équal to	+	0,00009.

It may be seen that, by the same means, the list of ratios could be indefinitely increased; but as the numbers which would be produced would be more and more considerable, greater difficulties would be added to the composition of trains. This expedient must not therefore, be followed unless the numbers already found cannot be used.

PARIS. IMP. PAUL DUPONT, RUE DE GRENELLE-SAINT-HONORÉ, 45.

www.ingramcontent.com/pod-product-compliance
Ingram Content Group UK Ltd.
Pitfield, Milton Keynes, MK11 3LW, UK
UKHW021225230726
13926UKWH00003B/1250

9 782016 164440